大学计算机基础实践教程
(Windows 10＋Office 2019)(第二版)

主　编　张　荣
副主编　叶苗群　江先亮　杨任尔

ZHEJIANG UNIVERSITY PRESS
浙江大学出版社
·杭州·

图书在版编目(CIP)数据

大学计算机基础实践教程 ：Windows 10＋Office
2019 / 张荣主编. —2 版. —杭州：浙江大学出版社，
2022.8(2023.5 重印)
ISBN 978-7-308-22841-1

Ⅰ. ①大… Ⅱ. ①张… Ⅲ. ①Windows 操作系统—高
等学校—教材②办公自动化—应用软件—高等学校—教材
Ⅳ. ①TP316.7②TP317.1

中国版本图书馆 CIP 数据核字(2022)第 124342 号

内容简介

本书是与张荣等编著的《大学计算机基础》配套使用的实践教程。全书共包括计算机
与信息基础等 15 个上机实验内容,涵盖了计算机软硬件的基本操作、办公软件应用、数据
库基本操作、网络配置、程序设计入门等相关知识点的介绍和实践操作内容。实验内容的
设计力求与教学各环节配套,做到实用性强,对学生的学习具有引导性和启发性。

大学计算机基础实践教程(Windows 10＋Office 2019)(第二版)
DAXUE JISUANJI JICHU SHIJIAN JIAOCHENG(Windows 10＋Office 2019)

主　编　张　荣

副主编　叶苗群　江先亮　杨任尔

责任编辑	吴昌雷
责任校对	王　波
封面设计	林智广告
出版发行	浙江大学出版社
	(杭州市天目山路 148 号　邮政编码 310007)
	(网址：http://www.zjupress.com)
排　版	杭州晨特广告有限公司
印　刷	杭州高腾印务有限公司
开　本	787mm×1092mm　1/16
印　张	14
字　数	332 千
版 印 次	2022 年 8 月第 2 版　2023 年 5 月第 2 次印刷
书　号	ISBN 978-7-308-22841-1
定　价	42.00 元

前　言

　　本书是配合《大学计算机基础》(教材)的实践教学而编写的。编写本书的目的是方便教师的实践教学、学生的上机操作与练习,同时对配套教材内容进行知识点的归纳、扩展和补充。本书通过计算机软、硬件,计算机网络,以及数据库和程序设计的实践训练,达到提高学生的计算机应用能力,培养学生最基本的计算思维、互联网思维和数据思维的目的。

　　全书共包括 15 个上机实验内容。实验 1 计算机与信息基础,对应配套教材的第 1 章,主要通过图像的编辑与压缩操作让学生理解多媒体信息在计算机中的表示方法及多媒体数据压缩的必要性;实验 2 计算机硬件基础,对应配套教材的第 2 章,主要通过引导性操作,让学生掌握计算机的硬件系统组成及工作原理;实验 3 Windows 10 操作系统,主要围绕 Windows 10 的基本配置和应用程序的操作技巧,让学生理解和掌握操作系统的基本概念和管理功能;实验 4 到实验 9 是办公软件 Office 2019 的实践操作,主要包括 Word、Excel 和 PowerPoint 的基本操作、高级应用及综合应用,是配套教材第 3 章的相关教学内容的扩展;实验 10 Windows 10 网络配置与 Internet 应用,对应配套教材第 4 章,通过 Windows 10 的网络配置技巧让学生掌握计算机网络的基本概念及应用技巧;实验 11 到实验 14 是 Access 数据库的实践操作内容,对应配套教材第 5 章,让学生通过数据库的创建和维护,理解和掌握数据管理、数据库及数据库管理系统的基本概念;实验 15 程序设计基础(Python),对应配套教材第 6 章,基于 Python 程序设计语言,引导学生了解程序设计的基本方法,以及利用 Python 进行数据分析的基本方法。

　　本书作者长期从事计算机基础教学工作,在实验的内容组织和结构编排上结合了自己的教学思路和教学设计思想;在部分实验的设计中,尝试加入引导性的问题,避免学生在实验中盲目做、不知道在做什么的情况。同时,在部分实验中,增加了拓展练习和综合性大作业内容,供教师在教学中灵活选择,以加强学生的实践训练。

　　本书由张荣担任主编。实验 1,2,3,6,7,8 由张荣编写,实验 4,5,9,11,12,13,14 由叶苗群编写,实验 10 由江先亮编写,实验 15 由杨任尔编写。江宝钏、陈叶芳、高琳琳老师对本书的编写提出了许多宝贵意见和建议,学校各级领导对本书的出版提供了大力的支持和帮助,浙江大学出版社在本书编写和出版过程中给予了大力的支持和帮助,在此一并表示感谢!

　　对于书中的疏漏和不足,恳请广大读者和同行、专家的批评指正。同时欢迎同行交流和指导,促进本书内容的进一步完善。作者联系邮箱:zhangrong @nbu.edu.cn。

第二版修订说明

　　为了帮助广大读者更好地学习和掌握相关理论知识和操作应用技巧,提高学习效率,本次修订主要针对实验教学中的重点和难点问题,录制了相应的教学视频,对具体操作中涉及的知识点、操作方法和操作步骤进行了讲解,读者可扫描旁边的二维码观看。同时对原教材中文字、图、表中的错误进行了改正。另外,为了使本实践教程能够更好地与《大学计算机基础》的教学内容相配套,本次修订对第一版中的"实验 10 Windows 10 网络配置与应用"进行了更新,主要修改内容如下。

　　(1)实验名称改为:实验 10 Windows 10 网络配置与 Internet 应用。

　　(2)在"实验目的与实验要求"中增加:掌握用搜索引擎在网上查找信息的方法。

　　(3)在"相关知识"中增加:①ping 命令;②搜索引擎。

　　(4)在"实验内容与操作步骤"中增加了"网络信息检索"的相关实验内容,并给出了上机操作步骤。

　　(5)在"讨论与思考"中增加了网络信息检索的相关习题。

　　鉴于编著者的水平和经验,书中难免仍然存在失误和不足,恳请广大读者和同行、专家的批评指正。作者联系邮箱:zhangrong@nbu.edu.cn。

　　最后,在此感谢各位授课老师以及同学、读者在使用本书过程提出的宝贵意见和建议。

张荣

于宁波大学信息学院

2022 年 5 月

目　　录

实验 1 计算机与信息基础

一、实验目的与实验要求

(1)熟练掌握中英文输入方法。

(2)理解多媒体数据的数字化和压缩过程。

(3)能够灵活利用现成工具实现图片、小视频、音频的制作和传输。

(4)熟练掌握文件压缩工具。

二、相关知识

(一)信息的处理过程

中英文和数字等字符都是以二进制形式存储在计算机的存储器中的。存储器是由一个个存储单元组成的,一个存储单元可存放一个字节的内容,一个字节是作为一个不可分割的单位来处理的。每个存储单元都由一个唯一地址来标识,计算机系统按照存储地址来存取存储单元中的内容。

(二)中英文输入的基本知识

(1)中文与英文之间的切换:方法一,同时按下 Ctrl＋空格键,切换中文/英文输入状态;方法二,在中文输入状态下,可以通过按 Shift 键进行中/英文输入切换。

(2)各种输入法间的切换:一种简单的方法是,反复地同时按下键盘上的 Ctrl＋Shift 键,可以在各种输入法间进行切换;另一种方法是用鼠标直接单击屏幕右下侧的输入法按钮,弹出输入法快捷菜单,再选择相应的输入法。

(3)软键盘:所谓软键盘是指在屏幕上的"键盘",而非物理键盘。例如,在"搜狗输入法"的"语言栏"上,用鼠标右击软键盘按钮,会弹出软键盘菜单,如图 1-1 所示。选择某一类型时,相应的软件键盘会显示在屏幕上。在输入完毕后,可再用鼠标左键单击软键盘按钮将其关闭。

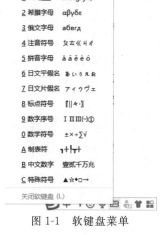

图 1-1 软键盘菜单

(三)Windows 的"画图"软件

"画图"是一个简单的图像绘画程序,是微软 Windows 操作系统的预装软件之一。"画图"软件是一个位图编辑器,可以对各种位图格式的图画进行编辑。在"画图"软件中,用户可以自己绘制图画,也可以对已有的图片进行编辑修改,在编辑完成后,可以 bmp、jpg、gif 等格式保存图片。

(四)多媒体数据的有损压缩

有损压缩是利用了人类对图像或声波中的某些频率成分不敏感的特性,允许压缩过程中损失一定的信息,虽然解压缩后不能完全恢复原始数据,但是所损失的部分对理解原始图像和声音的影响很小,而文件大小却可以显著地减小,便于多媒体数据的存储、管理和传输。有损压缩广泛应用于语音、图像和视频数据的压缩。

(五)压缩文件(压缩包)

简单地说,压缩文件就是经过压缩软件压缩的文件。在更多情况下,压缩后的数据必须准确无误,这时必须使用无损压缩格式,比如常见的 zip、rar 等。压缩的原理是把文件的二进制代码压缩,比如有连续的 6 个 0,即 000000,可以把它写成 60,以减少该文件的空间。或者是查找文件内的重复字节,并建立一个相同字节的"词典"文件,并用一个代码表示。例如,如果在一个文件中有几处都有"中华人民共和国",则可用一个代码表示并写入"词典"文件,以达到缩小文件的目的。

压缩软件利用压缩原理压缩数据,压缩后所生成的文件称为压缩包。与原有文件相比,压缩包的体积只有原来的几分之一甚至更小。如果要使用压缩包中的数据,首先得用压缩软件把数据还原,这个过程称作解压缩。常见的压缩软件有 Winzip、Winrar 等。

(六)PDF 文件

PDF 是英文 Portable Document Format 的缩写,即可携带文档格式。PDF 是由 Adobe 公司开发的一种电子文件格式,这种文件格式与操作系统平台无关,也就是说,PDF 文件不管是在 Windows、Unix 还是在苹果公司的 Mac OS 操作系统中都是通用的。这一特点使它成为在 Internet 上进行电子文档发行和数字化信息传播的理想文档格式。Microsoft Office Word 2019 就可将 doc 文档直接转换成 PDF 文档。

三、实验内容与操作步骤

(一)输入法练习

(1)新建一个 Word 文档,在其中输入以下中文和英文的标点符号:

，。 , . <> 《》 "" '' ' " \ 、 @＃￥ $ _ ——? / \……

(2)在 Word 文档中,利用软键盘输入以下符号:

$$\alpha \quad \beta \quad \sqrt{} \quad \geqslant \quad \neq \quad \nless \quad ①②③± \quad \bar{a} \quad é$$

(3)创建一个以自己的学号姓名为名称的文件夹,保存该 Word 文档到该文件夹,文件名为"我的 Word.docx"。

(二)不同类型的图像文件

(1)在"C:\Windows\Web\Wallpaper\"文件夹下,双击打开一幅 Windows 的墙纸图像文件,这里选择的是 img7.jpg 文件,如图 1-2 所示。

图像文件
类型

图 1-2 彩色图像(jpg 格式,大小 156KB)

(2)在 Windows 的"画图"软件中打开上面的图像文件(img7.jpg),选择"文件"|"另存为"命令,在"保存为"对话框中,打开"保存类型"下拉列表,如图 1-3 所示。分别选择"单色位图""16 色位图""256 色位图""24 位位图"将文件保存到自己的文件夹中,文件名分别为"单色位图.bmp""16 色位图.bmp""256 色位图.bmp""24 位位图.bmp"。在保存时,因存在颜色的丢失,"画图"软件会给出如图 1-4 所示的提示。这里选择"确定"。

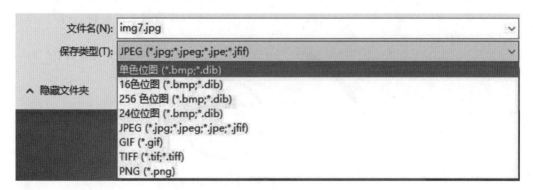

图 1-3 在"画图"中选择不同的文件保存类型

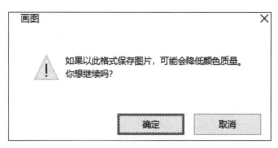

图 1-4 "画图"软件给出的提示信息

(3)在 Windows 的"文件资源管理器"中,双击打开上面保存的文件。可以看到,图 1-5(a)、(b)、(c),因为颜色信息的丢失,导致图像发生了失真。查看这些不同类型文件的文件大小,可以看到,与原有的 jpg 格式文件相比,bmp 格式的图像文件占用的字节数都要大,而且图像的颜色深度(颜色深度是指位图中每个像素的颜色编码所占用的二进制位数)越大,图像占用的字节数越大,对应的图像中色彩也越丰富。

(a) 单色位图图像(bmp 格式,大小 282KB) (b) 16 色位图图像(bmp 格式,大小 1.09MB) (c) 256 色位图图像(bmp 格式,大小 2.19MB) (d) 24 色图像(bmp 格式,大小 6.59MB)

图 1-5 不同类型的文件

位图图像

(三)认识位图图像

(1)在 Windows 的"画图"软件中新建一个文件,并用绘图工具随便绘制一个图形。

(2)通过调整缩放比例,可以发现:位图图像在缩放时,放得越大越模糊,在图像边缘会产生锯齿状效果,如图 1-6 所示。

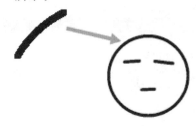

图 1-6 位图图像的边缘容易出现锯齿状效果

(3)保存该文件到自己的文件夹中,文件名为"我的画图.jpg"。

(四)"截图工具"的使用

(1)按照"开始菜单"|"Windows 附件"|"截图工具"启动 Windows 的"截图工具"软件。"截图工具"有不同的截图模式,如图 1-7 所示。

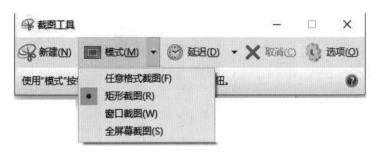

图 1-7　Windows 的"截图工具"

（2）打开"我的 Word. docx"文档的"插入"菜单，再在"截图工具"软件中单击"新建"按钮，返回 Word 文档截取如图 1-8 的内容，这时可以返回 Word 文档，直接按"Ctrl＋V"组合键将所截图内容粘贴到 Word 文档中。

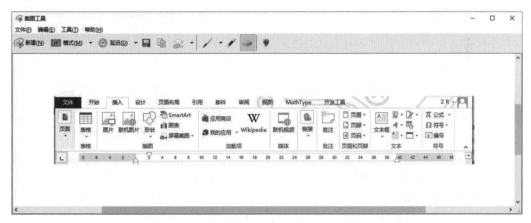

图 1-8　使用"截图工具"截取的 Word 文档的部分菜单内容

（3）自己尝试在"截图工具"软件中，使用"笔""荧光笔""橡皮擦"等工具对上面的截图进行编辑。然后再粘贴到"我的 Word. docx"中。按"Ctrl＋S"保存文件。

（五）PDF 文件

（1）在 Word 中，选择"文件"|"另存为"命令，保存"我的 Word. docx"为 PDF 格式。

（2）在 Adobe Acrobat Reader 中打开该 PDF 文件，并尝试使用"添加附注""高亮文本"等工具对文档进行编辑。

（六）利用压缩软件压缩文件

（1）在 Windows 的"文件资源管理器"中打开自己的文件夹，经过上面的实验，已经创建的文件如图 1-9 所示。

16位图.bmp　　24位位图.bmp　　256色位图.bmp　　单色位图.bmp　　我的word.docx　　我的word.pdf　　我的画图.jpg

图 1-9　实验产生的所有文档

（2）用鼠标右击"我的 Word.docx"打开快捷菜单，如图 1-10 所示。

（3）如果你的计算机已经安装了压缩软件，则可以直接选择"添加到我的 Word.zip（A）"命令，压缩该文件。否则，请自行到网上先下载压缩工具软件，安装后执行该操作。

注意：执行文件压缩操作时，要保证相应的文件必须是关闭状态。因此，在执行压缩前，应先关闭"我的 Word.docx"。关闭文件的方法：按 Word 窗口右上角的 ✕ 按钮，或者执行"文件"|"关闭"命令。

（4）查看压缩前后两个文件的大小：

压缩前"我的 Word.docx"的大小是：＿＿＿＿＿＿＿；

压缩后"我的 Word.zip"的大小是：＿＿＿＿＿＿＿。

（5）将图 1-9 所示文件夹中的 7 个文件一起打包为一个压缩包文件，压缩包文件名为文件夹名称。

（6）将所创建的压缩包文件复制并粘贴到桌面上，右击压缩包文件，在打开的快捷菜单中选择"解压到这里"，双击查看解压后的文件。

提示：在网络上传文件时，一般不能直接上传文件夹。如果需要上传多个文件，可以将多个文件打包为一个压缩包文件后再上传，这样既方便也可以减少文件的字节数，减小流量、提高效率。

图 1-10　文件的快捷菜单

四、拓展练习

颜色值

（一）查看彩色图像的颜色值

（1）在"画图"软件中打开一幅彩色图像（可以在"C:\Windows\Web\Wallpaper\"文件夹下选择，也可以打开任意一张彩色图像）。选择"颜色选取器"工具，如图 1-11 所示。

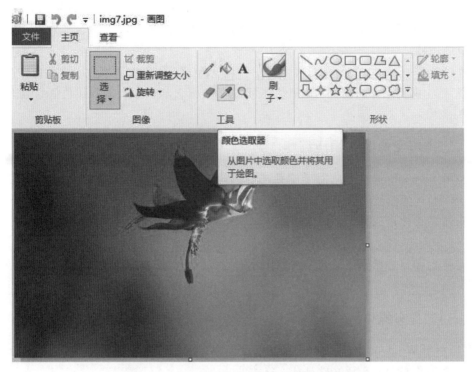

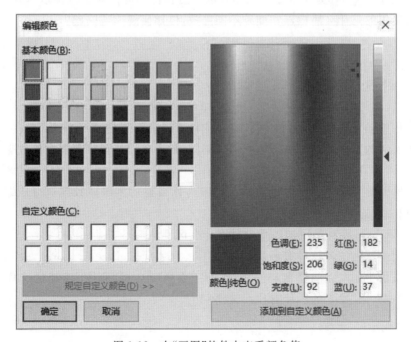

图 1-11　在"画图"软件中使用"颜色选取器"

（2）用"颜色选取器"工具在图片的某一位置上单击选取该位置的颜色。

（3）单击"颜色"组中的"编辑颜色"按钮，打开"编辑颜色"对话框，如图 1-12 所示。

图 1-12　在"画图"软件中查看颜色值

(4)在图 1-12 中可以看到,当前的颜色值为(182,14,37),三个数值分别代表红(R)、绿(G)、蓝(B)的颜色值,同时也可以查看色调、饱和度、亮度信息。写下你所选取的颜色的对应的信息:

红(R):_____;绿(G):_____;蓝(B)_____。

(5)请上网搜索并阅读"RGB 颜色空间"的相关概念,理解 R、G、B 颜色值的范围为什么是 0～255。

(二)理解图像的有损压缩

使用 Photoshop 或者从网上下载图片的压缩工具,对彩色图像进行不同压缩比的 JPEG 压缩,理解图像的有损压缩。回答下面问题:

问题 1:你使用的是什么图像压缩工具?

_____。

问题 2:如何进行图像压缩? 压缩比分别是多少? 压缩对图像的质量是否有影响?

_____。

(三)制作多媒体

(1)利用 Windows 的"录音机"录制一段音频文件。回答下面问题:

问题 3:你录制的音频文件是什么格式的?

_____。

(2)用你的手机录制一段视频,并发送到你的计算机上播放。回答下面问题:

问题 4:你录制的视频文件是什么格式的? 能否在你的计算机上播放该视频文件,如果能播放,使用的是什么播放器? 如果不能播放,你如何解决该问题?

_____。

五、讨 论 与 思 考

(1)常用的输入法有哪些? 如何在自己的计算机上安装"搜狗输入法"?

(2)本实验的实验内容可以帮助我们理解图像、视频以及音频等多媒体数据在计算机中的表示。请用自己的语言加以描述。

(3)本实验的实验内容可以帮助我们理解为什么要对多媒体数据进行压缩操作。请用自己的语言对这个问题加以描述。

(4)jpg 和 bmp 两种格式的图像文件有什么区别?

(5)常用的压缩工具软件有哪些?

(6)在微信中朋友之间经常相互发送图片,发送时会有"原图"发送的选项,选择"原图"和不选择"原图"发送的图片有什么区别?

实验 2　计算机硬件基础

一、实验目的与实验要求

(1)掌握计算机硬件系统的组成及计算机的工作原理。

(2)能够识别微型计算机的各个部件,熟悉各部件的连接。

(3)理解内存储器和外存储器的区别与联系。

(4)能够根据需求配置计算机。

二、相关知识

(一)计算机的工作原理

冯·诺依曼型计算机的硬件系统由运算器、控制器、存储器、输入设备和输出设备五大部分组成。操作系统是最重要的系统软件,是计算机工作的核心。计算机的工作原理是"存储程序和存储控制"。

(二)微型计算机的硬件组成

微型计算机的基本构成是由主机以及显示器、键盘等外围设备组成。主板、CPU、内存、硬盘、各种插件(如显卡、声卡、网卡)等主要部件都位于机箱之中。机箱前表面上有一些按钮和指示灯,还有一些插接口,背面也有一些插槽和接口。

(三)主板

主板又叫主机板(mainboard)或系统板,安装在机箱内,一般为矩形电路板,上面安装了组成计算机的主要电路系统,一般有 BIOS 芯片、I/O 控制芯片、键盘和面板控制开关接口、指示灯插接件、扩充插槽、主板及插卡的直流电源供电接插件等元件。主板是微机最基本的也是最重要的部件之一,它决定了一台计算机的平台和档次。主板制造质量的高低,决定了硬件系统的稳定性。主板与 CPU 关系密切,每一次 CPU 的重大升级,必然导致主板的换代。

(四)CPU

CPU 是英文 Central Processing Unit 的缩写,即中央处理器,又称为微处理器。CPU

主要由运算器和控制器组成，是微机硬件系统中的核心部件。计算机的所有操作都受CPU 的控制，所以 CPU 的品质高低直接决定了整个计算机系统的性能。

衡量 CPU 性能的主要参数包括字长、主频、外频、缓存等。

（1）字长：在计算机技术中，把 CPU 在单位时间内一次处理的二进制数的位数称为字长。目前，微机主要使用 64 位机，即 CPU 在单位时间内能处理字长为 64 位的二进制数。CPU 字长越长，运算精度越高，信息处理速度越快，CPU 性能也就越高。

（2）主频：是 CPU 内核工作时的时钟频率，单位是 MHz。但随着 CPU 主频的提高，目前常见的 CPU 一般以 GHz 为单位。主频用来表示 CPU 的运算速度，是衡量 CPU 性能的一个重要指标，主频越高，CPU 的速度越快。由于主频所表示的是 CPU 内数字脉冲信号振荡的速度，因此主频并不代表 CPU 的整体性能。

（3）外频：是系统总线的工作频率，单位是 MHz。外频是 CPU 的基准频率，是 CPU 与主板之间同步运行的速度。外频速度越高，CPU 就可以同时接受更多来自外围设备的数据，从而使整个系统的速度进一步提高。

（4）缓存：是可以进行高速存取的存储器，又称为 cache，用于内存和 CPU 之间的数据交换。计算机的缓存容量越大，其性能就越好。因此，缓存大小也是 CPU 性能的重要指标之一。

（五）内存和外存

内存储器又称为内存或主存，通常安装在主板上。内存与运算器和控制器直接相连，能与 CPU 直接交换信息。内存的存取速度很快。内存的存储容量也是衡量计算机性能的重要参数。内存分为随机存储器（RAM）和只读存储器（ROM）两部分。

（1）RAM（Random Access Memory）：可以进行读、写操作，是操作系统或其他正在运行中的程序的临时数据存储介质。RAM 的特点是数据在断电后会丢失。目前有静态随机存储器（SRAM）和动态随机存储器（DRAM）。SRAM 的读写速度快，价格高，主要用于高速缓冲存储器；DRAM 的读写速度相对较慢，价格较低，因而用作大容量存储器。

（2）ROM（Read Only Memory）：是一种只能读出数据而不能写入数据的存储器。ROM 的特点是信息一旦写入就固定下来，即使切断计算机的电源，ROM 中的信息也不会丢失。因此，它常用于永久地存放系统的一些重要而且固定的程序和数据，例如计算机启动用的 BIOS 芯片就是一块 ROM 芯片。

外存储器又称为外存或辅存，是指除计算机内存及 CPU 缓存以外的存储器。与内存相比，外存的特点是容量大，价格低，且能永久保存数据，但读取速度慢。目前常见的外存有硬盘、光盘、U 盘等。

（六）BIOS 和 CMOS

BIOS 是英文 Basic Input Output System 的缩写，即基本输入输出系统。BIOS 是固化在计算机主板上的一个 ROM 芯片上的一组程序，它保存着计算机最重要的基本输入输出的程序、开机后自检程序和系统自启动程序，它可从 CMOS 中读写系统设置的具体信息。BIOS 是微机启动时加载的第一个软件,其主要功能是为计算机提供最底层的、最直接的硬件设置和控制。

CMOS 是英文 Complementary Metal Oxide Semiconductor 的缩写,即互补金属氧化物半导体。CMOS 是微机主板上的一块可读写的 RAM 芯片,用来保存计算机的基本启动信息,如系统日期和时间、启动设置、BIOS 设置完计算机硬件参数后的数据等。因 RAM 存储器具有断电后数据消失的特点,为了能够在计算机系统断电后也能保存 CMOS 中的数据,使用主板上的纽扣型锂电池为其长期供电。

三、实验内容与操作步骤

(一)观察计算机的启动过程

(1)打开计算机的电源,观察计算机的启动过程。

(2)按下计算机的电源开关后,电源就开始向主板和其他设备供电。计算机首先读取 BIOS,这时计算机的整个系统开始由 BIOS 控制,进入系统自检。系统自检由 BIOS 中存放的自诊断程序完成。

计算机的启动

(3)因为要和硬件打交道,BIOS 需装载主要 I/O 驱动程序和中断服务程序。

(4)系统自检完成后,计算机进入硬盘启动过程——BIOS 将安装在硬盘上的操作系统的内核载入到内存中使其运行,这时计算机将控制权转交给操作系统。

(二)识别微机的各个部件

(1)微机由主机箱和外围设备组成。主机箱中有电源、主板、硬盘等,外围设备包括鼠标、键盘、显示器等。如图 2-1 所示。

图 2-1　微机的硬件系统

(2)查看微机内部各组成部分,认识主板、硬盘、CPU、内存条、网卡、声卡等部件。回答问题:图 2-2 中各微机部件分别是:(a)_____;(b)_____;(c)_____;(d)_____;(e)_____;(f)_____。

微机部件及接口

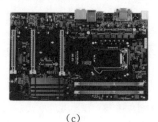

　　　(a)　　　　　　　　　(b)　　　　　　　　　(c)

图 2-2(1)　微机部件

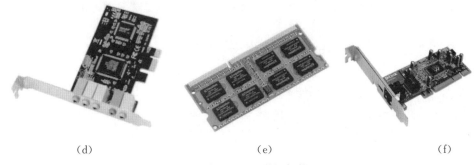

（d）　　　　　　　　　　　　（e）　　　　　　　　　　　　（f）

图 2-2(2)　微机部件

（3）认识各种接口。图 2-3 中给出了老款（左）、新款（右）两种台式机主机箱的后面板，对照自己所使用的计算机，认真观察主机后面的接口和插口，并在图 2-3 的两张图中分别标出键盘接口、鼠标接口、USB 接口、网卡接口、声卡接口、显卡接口。

图 2-3　主机箱上的接口

（三）理解内存和外存的区别和联系

（1）新建一个 Word 文档。在文档中输入以下内容："内存用来临时存放数据，外存用来永久保存数据。"

（2）保存文档，文件名称为"内存与外存.docx"。保存文档的过程，就是一个将内存中的数据写入到外存的过程。

（3）关闭 Word。

（4）找到刚刚保存的文档"内存与外存.docx"，打开它。因外存可以永久保存数据，因此，再次打开文档时，我们可以继续编辑文档。而打开文档的过程，则是一个将保存在外存中的数据读入到内存的过程。

（5）在 Windows 中打开"控制面板"|"系统和安全"|"系统"，查看内存的容量，如图 2-4所示。

图 2-4　查看内存容量

（6）按"Win＋E"键启动 Windows 的"文件资源管理器"，查看所用计算机的硬盘容量，如图 2-5 所示。

图 2-5　查看硬盘容量

(四)查看计算机安装的硬件设备,理解计算机的硬件系统组成

(1)按照"开始"|"Windows 系统"|"控制面板"|"硬件和声音"|"设备管理器",打开"设备管理器"窗口,如图 2-6 所示。

图 2-6　在 Windows"设备管理器"中查看安装的硬件设备

回答下面的问题。

问题 1:通过查看"设备管理器",写出所用计算机处理器的型号、制造商等信息。

_____。

问题 2:通过查看"设备管理器",写出所用计算机硬盘的型号、制造商等信息。

_____。

(2)在"设备管理器"中,查看键盘、显示适配器、网络适配器等硬件设备的安装情况。

四、拓展练习

(一)BIOS 参数设置

对 BIOS 中各项参数的设定要通过专门的程序。BIOS 设置程序一般都被厂商整合在芯片中,在开机时通过特定的按键就可进入 BIOS 设置程序,方便地对系统进行设置。对 BIOS 的设置参数被记录在 CMOS 中,因此 BIOS 设置有时也被叫作 CMOS 设置。

(1)进入 BIOS 参数设置界面。

开机启动,按键盘上的"Del"键进入 BIOS 主菜单界面设置。不同的 BIOS 程序的设置界面形式也不同,但是功能基本相同。

（2）标准 CMOS 设置。

用方向键把光条移到"STANDARD CMOS SETUP"一项，它包含硬件的基本设置情况。

①Date：设置系统日期，格式为"星期，月：日：年"。通过按 Page Up 和 Page Down 键设定 Month（月）、Day（日）、Year（年）。系统会自动换算星期值。

②Time：设置系统时间，格式为"小时：分：秒"。

③HardDisks：设置硬盘。此选项用来设定系统中所有 IDE（硬盘驱动器，IDE 是表示硬盘的传输接口）硬盘（PrimaryMaster/Slave；SecondaryMaster/Slave）类型：

- Auto：允许系统开机时自动检测硬盘类型并加以设定。
- None：未安装硬盘。
- User：允许使用者自行设定硬盘相关参数。

④Driver A 和 Driver B：设置物理 A 驱动器和 B 驱动器。一般不用。

⑤Video：设置显示卡类型，默认值为"EGA/VGA"方式。

（3）退出标准 CMOS 设置。

当设置完成后，按"Esc"键回到 BIOS 设置主菜单。在主菜单，还可以选择"IDE HDD AUTO DETECTION"选项，系统自动检测目前使用的硬盘各种参数，如容量、柱面数、扇区数等；选择"BIOS FEATURES SETUP"选项，设置计算机的启动顺序（Boot Sequence）、病毒警告（Anti-Virus Protection）等。

（4）保存设置并退出。

当上述各项设置完毕后，按"Esc"键返回到主菜单。选择"Save & Exit Setup"或直接按"F10"键，出现"SAVE TO CMOS and EXIT（Y/N）N"，按 Y 键后再按回车键，计算机会重新启动。所有设置只有在选择保存后才能生效。如果不想保存所设置的信息，则选择"EXIT WITHOUT SAVING"项。

（二）请通过网上搜集相关资料或阅读教材，回答问题

（1）不同品牌的 CPU

问题 1：目前 CPU 的主要生产厂商有哪些？ 主要包括哪些系列？

_____。

（2）硬盘

问题 2：目前使用的主流硬盘有哪两种？ 它们各有什么特点？

_____。

（3）独立显卡

问题 3：什么是独立显卡？什么情况下需要配置独立显卡？

_____。

（4）HDMI 接口

问题 4：什么是 HDMI 接口？

_____。

五、讨论与思考

（1）本实验的实验内容可以帮助我们理解计算机的硬件组成和工作原理，请用自己的语言加以描述。

（2）请阅读"二、相关知识"的有关内容，回答：什么是 BIOS？什么是 CMOS？

（3）本实验的实验内容可以帮助我们理解内存和外存的区别和联系，请用自己的语言加以描述。

（4）通过上网搜集相关资料，回答问题：小明今年刚刚考上大学，如果想为自己配置一台笔记本电脑，主要用于日常的学习，包括上网查找学习资料、Office 文档编辑、常用文档（如 PDF）的编辑或阅读，大一的程序设计（C 语言或 Python）学习，同时也能满足上网听歌、看视频，以及安装一些 QQ、微信等常用社交软件的需要。请从不同网上平台上，选择几种合适的电脑品牌、系统配置、价格等方案，供小明参考。

实验 3　Windows 10 操作系统

一、实验目的与实验要求

(1)熟练掌握 Windows 操作系统的基本操作。

(2)熟练掌握 Windows 操作系统的基本设置技巧。

(3)熟练掌握利用 Windows 操作系统进行系统维护和个性化管理的基本操作方法。

二、相关知识

(一)操作系统的概念

操作系统是计算机系统的核心部分,是一个复杂庞大的程序,它控制所有在计算机上运行的程序并管理整个计算机的资源,合理组织工作流程以使系统资源得到高效利用。对用户来说,操作系统就是一个操作平台,是用户与计算机进行交互的界面。操作系统功能分为处理机管理、存储器管理、设备管理和文件管理。

(二)快捷方式

快捷方式指的是快速启动程序或打开文件或文件夹的手段,无论应用程序实际存储在磁盘的什么位置,相应的快捷方式都只是作为该应用程序的一个指针,用户通过快捷方式图标能够快速打开应用程序的执行文件。快捷方式的选取、移动、复制和删除与普通文件的操作方法相同。

(三)库的使用

"库"用于管理文档、音乐、视频、图片和其他文件。库可以使用与在文件夹中浏览文件相同的方式浏览文件,也可以按属性(如日期、类型和作者)排列文件。

"库"类似于文件夹。但与文件夹不同的是,库可以收集存储在多个位置中的文件。把文件(夹)收纳到库中并不是将文件真正复制到"库"这个位置,而是在"库"这个功能中"登记"了那些文件(夹)的位置,然后由 Windows 管理,就是将有相似作用的快捷方式统一到一个文件夹中,这个文件夹就叫库,不过这个文件夹的东西是会自动更新的,用户可以不用关心文件或者文件夹的具体存储位置,把它们都链接到一个库中进行管理。用户可以如新建文件夹一样新建一个"库"。

（四）剪贴板与回收站

"剪贴板"是内存中的一个临时数据存储空间，用来在应用程序之间交换文本或图像信息。"剪贴板"上总是保留最近一次用户存入的信息，用户通过菜单或工具按钮使用"剪贴板"时，系统会自动完成相关的工作，系统关闭后，剪贴板的内容被清除。

"回收站"是硬盘上的一块空间，用来存放被删除的文件，使用户可以恢复被删除的文件。用鼠标右击"回收站"，可以改变回收站预留的硬盘空间大小，还可以进行其他的设置。

（五）控制面板

"控制板面"集中了 Windows 系统中用来配置系统的全部应用程序，可以进行多项配置，例如系统和安全、网络和 Internet、硬件、程序、语言和区域、账户、外观、时钟等。控制面板中也提供了搜索功能，只要在控制面板右上角的搜索框中输入关键词，回车后即可看到控制面板功能中相应的搜索结果，并已按照类别做了分类显示。

（六）设备管理器

设备管理器提供了计算机中所安装硬件的图形显示。使用设备管理器可以检查硬件状态并更新计算机上的设备驱动程序（或软件）、修改硬件设置和解决疑难问题。

由于在计算机硬件安装过程中，系统将自动分配资源，所以一般并不需要使用设备管理器来更改资源设置。而且，错误地更改资源设置可能会禁用计算机的某些硬件，致使计算机出现故障或无法运行。通过右击"此电脑"，单击"属性"，再单击左侧的"设备管理器"可打开设备管理器。注意，只有在你具备了计算机硬件和硬件配置专业知识后，才可以更改硬件资源设置。

（七）任务管理器

任务管理器可以显示计算机上当前正在运行的应用程序、进程和服务，可用于监视计算机的性能或者关闭没有响应的程序。

（八）快捷键

Windows 操作系统中的快捷键十分有用，下面列出几种常用的快捷键。
(1)"Win＋E"快速开启文件资源管理器。
(2)"Ctrl＋Shift＋Esc"打开任务管理器。
(3)"Win＋L"快速锁屏，迅速转到用户登录界面。
(4)"Win＋D"快速显示桌面。

三、实验内容与操作步骤

（一）Windows 10 的桌面、任务栏、"开始"菜单的设置和使用

（1）认识 Windows 的桌面和任务栏。

桌面是打开计算机并登录到系统之后看到的显示器主屏幕区域。

任务栏是桌面上的一条，一般位于桌面的最下方。

〖操作步骤〗

Windows 10
的桌面

①打开所用计算机的电源，启动 Windows 10 后看到的界面即为 Windows 10 的桌面，如图 3-1 所示。可以看出，桌面上主要有任务栏和图标。

②如果所用计算机的任务栏上没有图 3-1 所示的搜索框、与 Cortana 交流、任务视图等按钮，可以在任务栏空白处单击鼠标右键，在快捷菜单中设置，使其显示，如图 3-2 所示。

③在任务栏上的搜索框中输入"控制面板"，则 Windows 10 可以快速查找到该应用程序，单击搜索结果即可打开该应用。搜索框能够帮助我们在本机或网上快速查找应用、文档和网页，在 Windows 10 的使用过程中非常有用。

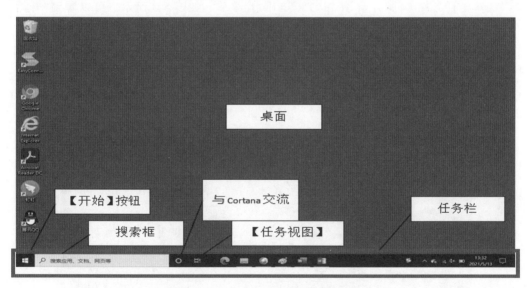

图 3-1　Windows 10 的桌面和任务栏

④在任务栏最右边单击鼠标左键，则可通过选择"显示桌面"快速显示桌面。

⑤单击任务栏上的圆圈（见图 3-1），即可与 Windows 10 系统的 Cortana 交流。Cortana 是微软发布的全球第一款个人智能助理（语音小娜）。它能够了解用户的喜好和习惯，帮助用户进行日程安排、问题回答等。Cortana 可以说是微软在机器学习和人工智能领域方面的尝试，利用云计算、搜索引擎和"非结构化数据"分析，实现人机的智能交互。更多使用说明读者可上网查阅相关资料。

图 3-2　在任务栏空白处单击鼠标右键启动的快捷菜单

(2)认识"开始"菜单。

〖操作步骤〗

①单击任务栏上的"开始"按钮,打开"开始"菜单。如图 3-3 所示。可以看到"开始"菜单主要包括两部分:应用列表区域(开始菜单)和固定图标的区域(开始屏幕)。

②使用 Windows 10 提供的首字母索引功能:打开"开始"菜单,在应用列表中,点击某一字母,例如字母"A",便能弹出快速查找的界面。

③在左侧应用列表中找到"计算器"(提示:可以用步骤②的方法快速查找),右击打开快捷菜单,选择"固定到'开始'屏幕",之后"计算器"应用图标就会出现在右侧的区域中。

图 3-3　Windows 10 的"开始"菜单

(3)在 Windows 10 中使用多个桌面。

如果同时进行多个相互没有关系的工作,在一个桌面上打开很多窗口和应用程序会使工作比较混乱。在 Windows 中,多个无关的持续性工作可以在多个桌面上分别进行,并可通过"任务视图"按钮在不同的桌面之间快速切换。

〖操作步骤〗

①在任务栏上,单击"任务视图"按钮(也可以按"Win＋Tab"组合键),再单击"＋新建桌面",创建一个桌面。

②在桌面 1 中用浏览器打开网页,网址为:www.baidu.com,在桌面 2 中新建一个 Word 文档并打开它。

③在任务视图中进行不同桌面之间切换。注意观察在不同桌面中只能操作相应的应用程序。同时,也会发现,在"任务视图"中窗口之间的切换也变得非常方便。

(4)任务栏的自定义设置。

〖操作步骤〗

用鼠标右击"任务栏"的空白处,在弹出的快捷菜单中选择"任务栏设置",在打开的"设置"窗口中,分别进行下列设置:

①设置"桌面模式下自动隐藏任务栏"为开或关,为"开"时,鼠标离开任务栏时任务栏自动隐藏。

②设置"使用小任务栏按钮"为开或关,为"开"时,任务栏上的图标变小。

③设置"当你将鼠标移动到任务栏末端的'显示桌面'时,使用'速览'预览桌面"为开或关,为"开"时,将鼠标移动到任务栏的最右端时,就可以预览系统桌面。

④设置"任务栏在屏幕上的位置"为靠左、顶部、靠右、底部。

⑤设置"合并任务栏按钮"为始终合并按钮、任务栏已满时、从不。可以让任务栏上显示的按钮合并,否则如果打开过多的窗口,任务栏就会有很多窗口按钮。

观察以上不同设置时任务栏的变化。

(5)将某些自己安装的程序图标固定到"开始"屏幕。

如果频繁使用某些自己安装的程序,可以通过将程序图标固定到"开始"屏幕以创建程序的快捷方式。固定的程序图标将出现在"开始"菜单右侧的"开始"屏幕。

要求:将放在桌面上的程序如 QQ(或其他的图标)或其他文件移动到"开始"屏幕中。

〖操作步骤〗

右击想要锁定到"开始"屏幕中的程序图标,然后单击"固定到'开始'屏幕"。若要删除"开始"屏幕中固定的程序图标,则在'开始'屏幕中右击该图标,然后在快捷菜单中单击"从'开始'菜单取消固定"。若要更改固定项目的顺序,将程序图标拖动到新位置。

(二)"此电脑"和"文件资源管理器"

文件资源
管理器

"此电脑"和"文件资源管理器"是用来组织、操作文件和文件夹及其他软硬件资源的文件管理器,利用它可以非常方便地完成移动、复制文件、卸载或更改程序、连接网络驱动器、打印文档和维护磁盘等工作,还可访问连接到计算机的控制面板、照相机、扫描仪和其他硬件以及系统有关信息。

(1)打开"此电脑"或"文件资源管理器"

〖操作步骤〗

①用鼠标右击"开始"按钮,出现一个快捷菜单,选择"文件资源管理器",或者同时按下"Win＋E"键打开"此电脑",如图 3-4 所示。

图 3-4　Windows 10 的"此电脑"

②在"此电脑"窗口中,执行"文件"|"更改文件夹和搜索选项",打开如图 3-5 所示的"文件夹选项"对话框,设置"打开文件资源管理器时打开"为"快速访问"或"此电脑",再次执行步骤①。仔细观察窗口的变化,并在下面描述"快速访问"或"此电脑"两个设置有什么不同?

_____。

图 3-5　"文件夹选项"对话框

(2)在"此电脑"中打开 C:\Windows 文件夹。打开"此电脑"的"查看"菜单选项卡,如图 3-6 所示,根据自己的喜好,调整"此电脑"的窗口显示方式。

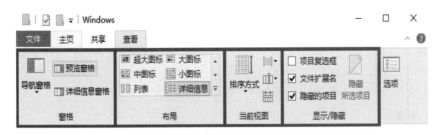

图 3-6 "此电脑"的"查看"菜单选项卡

〖操作步骤〗

①在"导航窗格"下拉列表中选择或不选择不同选项。

②分别选择不同的"布局"方式,查看当前显示的文件夹和文件的图标变化。

③选择不同的"排列方式"浏览当前文件夹中的文件夹和文件。

④勾选或不勾选(显示/隐藏)项目复选框、文件扩展名、隐藏的项目。

观察以上各不同查看方式之间的差别。

(3)在桌面上添加"此电脑"图标。

对于经常使用的"此电脑",可以将它放到桌面上,易于查找和打开。

〖操作步骤〗

①右击桌面任意空白区域,单击鼠标右键,然后选择"个性化"。

②在左侧窗格中选择"主题",在右侧主题设置功能区域找到"桌面图标设置",点击打开"桌面图标设置"对话框,勾选"计算机",然后再点击"确定"。

(三)文件、文件夹、库的操作

(1)在 D 盘根目录下新建文件夹,命名为自己的学号;在此文件夹中新建文件夹 T1;在 T1 文件夹中新建文本文件 TT1.TXT。

〖操作步骤〗

①在"此电脑"的标题栏的左上角或者"主页"菜单选项卡中找到"新建文件夹"按钮,或者在当前文件夹中右击,选择快捷菜单中的"新建"|"文件夹",在当前文件夹中出现一个新的文件夹图标,名字为"新建文件夹",将它改名为自己的学号,则在 D 盘根目录下新建了学号文件夹。

②双击打开学号文件夹,右击右边窗格空白处,在弹出的快捷菜单中选择"新建"|"文件夹",新建 T1 文件夹。

③双击打开 T1 文件夹,选择菜单"文件"|"新建"|"文本文档",即可在文件夹 T1 下新建文本文件,更名为 TT1.TXT。用鼠标右键单击右边窗格的空白处,在弹出的快捷菜单中选择"新建"|"文本文档",也可以完成上述操作。

(2)在 D 盘下再新建文件夹,取名为 student,移动 D 盘的学号文件夹及所有的文件到 D 盘的 student 文件夹下,再将 TT1.TXT 文件复制到 student 文件夹下。

〖操作步骤〗

①新建 student 文件夹步骤参考上面的步骤①。

②选中 D 盘的学号文件夹,右击,弹出快捷菜单,选择"剪切",然后选中 D 盘的 student 文件夹,右击,弹出快捷菜单,选择"粘贴"。

③先进入 T1 文件夹,选中 TT1. TXT 文件,按"Ctrl+C"键,再进入到 student 文件夹,按"Ctrl+V"键。

(3)将 TT1. TXT 文件的属性设置为"只读"并"隐藏"。

〖操作步骤〗

①用鼠标右击文件 TT1 图标,在弹出的快捷菜单中选择"属性"菜单项,将出现文件的"属性"对话框,将文件 TT1 设置"只读"和"隐藏",完成对文件对象的属性设置。

②勾选或不勾选"查看"菜单选项卡中"隐藏的项目",观察 TT1 文件是否显示。

③打开 TT1 文本文件,修改内容,然后再保存,这时会跳出一个"此文件为只读"提示框,表明 TT1 是只读文件,此时只能另存为新的文件名。

(4)新建一个库,库名为"我的库",然后复制一些图片和文档到此库中。

〖操作步骤〗

①打开"此电脑"窗口,选中左侧的"库"。如果没有出现"库",可以在"查看"菜单选项卡中执行"导航窗格"|"显示库"。

②右击"库"图标,打开快捷菜单,选择"新建"|"库",在名称处输入"我的库"。

③双击"我的库",选择"包含一个文件夹"来为这个库添加文件夹。

④在弹出的对话框中选择我们要添加到库的文件夹所在位置,然后点击"加入文件夹"。这样,就把一个文件夹添加到了"库"中。

⑤可以为这个"库"添加更多的文件夹。首先选中库,右击,选择"属性"。然后在弹出的属性窗口中,点击"添加"来添加新的文件夹,添加完成后,点击下方的"确定"。

可以根据自己的需要,把自己平时用得最多的文件夹放到分类库中,这样就很方便快捷地访问到我们想要访问的文件夹了。

(四)在桌面建立文件或文件夹的快捷方式

(1)在"桌面"建立"notepad. exe"文件的快捷方式,命名为"我的记事簿"。

〖操作步骤〗

①在 C:\windows 文件夹中选中 notepad. exe 文件,在右键快捷菜单中执行"发送到"|"桌面快捷方式"。

②按"Win+D"快速切换到桌面,在桌面上找到"notepad-快捷方式",将其改名为"我的记事簿"。

③分别查看并比较原始文件 C:\windows 文件夹中 notepad. exe 文件的图标和桌面上快捷方式"我的记事簿"的图标,二者的不同是:

_____。

(2)在"桌面"建立自己学号文件夹快捷方式。

〖操作步骤〗略。

(五)"屏幕与活动窗口"的拷屏等操作

(1)把当前屏幕的界面保存到 Word 文档中。

〖操作步骤〗

①按一下键盘上的"Print Screen"(或者"PrtSc")键,即可把当前屏幕的画面复制到"剪贴板"。

②然后打开 Word 文档,通过快捷键"Ctrl＋V"粘贴,整个屏幕画面就复制到当前的文档里。

③选中图片,尝试改变图片的大小和位置。

(2)在 Word 中打开"字体"对话框使其为当前的活动窗口,将该窗口界面复制、粘贴到"画图"软件中,在画图中为对话框加入一些说明和自己的名字,保存文件到自己的学号文件夹,文件名称为"字体对话框界面.jpg"。

〖操作步骤〗略。

提示:按"Alt＋Print Screen"组合键可以把当前"活动窗口"画面复制到"剪贴板"中。

(六)Windows 10 的控制面板和系统设置

(1)打开"控制面板"和"设置"。

〖操作步骤〗

①打开控制面板的方法有几种:

方法一,右击桌面上的"此电脑",选择"属性",点击窗口左上角的"控制面板主页",即可进入"控制面板"窗口;

方法二,在任务栏左下角的搜索框中输入"控制面板"查找,单击进入。"控制面板"主页如图 3-7 所示。

图 3-7　"控制面板"

②Windows 10 中的"设置"在慢慢取代"控制面板"的功能，打开"设置"的方法是：

方法一，在"开始"菜单左侧可找到"设置"按钮，单击进入；

方法二，在桌面空白处右击，在打开的快捷菜单中选择"显示设置"或者"个性化"，可以直接打开"设置"窗口；

方法三，使用快捷键"Win＋I"，可以直接打开系统的"设置"窗口；

方法四，使用快捷键"Win＋X"，在弹出的菜单中选择"设置"。Windows 10 的"设置"主页如图 3-8 所示。

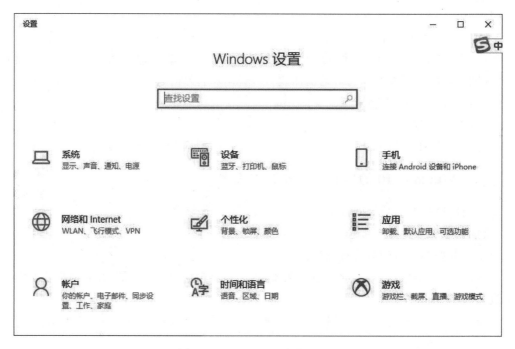

图 3-8　Windows 10 的"设置"

（2）查看计算机安装的操作系统信息。

〖操作步骤〗

在"控制面板"中选择"系统和安全"|"系统"，查看所用计算机的基本信息。

回答问题：你所用的计算机安装的操作系统是什么版本？

_____。

（3）设置 Windows 10 时间、区域和语言。

〖操作步骤〗

①打开"设置"对话框，点击"时间和语言"，对 Windows 10 系统的语音、区域、日期进行设置。对于已经联网的 Windows 10 电脑，"自动设置时间"的开关默认是"开"的，这样系统会自动通过互联网上的时间服务器自动同步时间。

②如果需要对系统时间进行调整，先关闭"自动设置时间"，然后点击"更改日期和时间"下面的"更改"按钮，打开"更改日期和时间"对话框（如图 3-9 所示）进行设置。

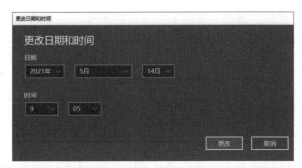

图 3-9　在"更改日期和时间"对话框中更改系统日期和时间

③对于区域、语言等的设置参考以上步骤。

(七)使用"任务管理器"

如果启动计算机时,启动的程序太多,计算机的启动速度会很慢,或者在使用计算机时,打开的窗口太多,系统响应会很慢,或者有些程序在运行时可能出现卡机或不响应。为了加快计算机的启动速度或者恢复计算机的正常状态,可以使用 Windows 的"任务管理器"设置启动程序或者结束某些应用的运行。

任务管理器

(1)设置启动计算机时的自动启动程序。

〖操作步骤〗

①右击任务栏的空白处,在快捷菜单中选择"任务管理器"。在"任务管理器"对话框中单击"详细信息"。

②选择"启动"菜单选项卡,切换到启动窗口。可以看到当前系统启用的程序列表,包括程序的名称、发布者、状态及启动影响评估等级等。如图 3-10 所示。

图 3-10　"任务管理器"对话框

③在"启动"窗口中显示的是计算机启动时自动加载运行的程序。可选择一个应用程序，单击下面的禁用按钮。也可以选择一个已经禁用的应用程序，单击启用。

（2）关闭打开的应用程序。

〖操作步骤〗

①在"任务管理器"对话框中选择"详细信息"菜单选项卡。可以看到当前正在运行的应用程序（每一个运行程序对应一个进程）。

②打开一个应用程序，如 Word，则可在进程列表中查找到 WINWORD. exe，选择 WINWORD. exe，单击"结束任务"，弹出提示对话框，如图 3-11 所示。单击"结束进程"。

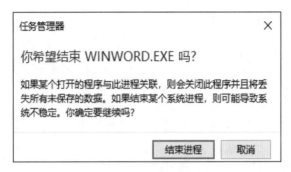

图 3-11　"任务管理器"的提示对话框

（3）在"任务管理器"中查看计算机的运行状况。

〖操作步骤〗

在"任务管理器"对话框中选择"性能"，可查看 CPU 的运行状态、内存的使用情况，以及其他部件的状态。

(八)卸载程序

如果不再使用某个程序，或者如果希望释放硬盘上的空间，则可以从计算机上卸载该程序。

〖操作步骤〗

在 Windows 中，完成卸载已安装程序的方法有两个，请分别尝试：

方法一：在"设置"中选择"应用"，单击左侧窗格中的"应用和功能"，在右侧窗格中选择要卸载的程序，然后单击"卸载"。如图 3-12 所示。

方法二：在"控制面板"|"程序"|"程序和功能"中，也可完成卸载程序的操作。

图 3-12　卸载程序

四、拓展练习

(一)将"运行"命令添加到"开始"屏幕中

〖操作步骤〗
略。可参考"三、实验内容与操作步骤"中的相关内容。

(二)在桌面模式和平板模式之间切换

Windows 10 提供了两种模式,分别是桌面模式和平板模式,以满足 Windows 10 系统可以在不同设备上运行的兼容性。平板模式可使设备便于触控,而无需键盘和鼠标,使台式电脑的桌面像平板电脑一样使用。

〖操作步骤〗
打开"开始"菜单,在最左边找到"设置"按钮,打开"设置"|"系统"|"平板模式",可以在两种模式之间切换。观察 Windows 10 两种工作模式之间的不同。

(三)在 Windows 10 的"设置"中进行系统管理和个性化设置

(1)设置所用计算机的分辨率为 1280×768。
〖操作步骤〗
在"设置"中选择"系统"|"显示",进行设置。如图 3-13 所示。

图 3-13　在"设置"中进行管理和个性化设置

（2）设置所用计算机的屏幕在不使用 5 分钟后自动关闭，电源在不使用 25 分钟后自动关闭。

〖操作步骤〗

略。

（3）设置所用计算机的桌面背景为幻灯片放映，在 C:\Windows\Web\Wallpaper 文件夹中找到一个包含背景图片的文件夹，作为幻灯片放映相册。

〖操作步骤〗

在"设置"中选择"个性化"|"背景"，进行设置。

（四）Windows 10 账户的基本管理

（1）设置计算机在你离开 15 分钟后需要重新登录。

①在"设置"|"账户"|"电子邮件和账户"中，查看当前账户信息。

②单击"登录选项"，在"需要登录"下进行设置。如图 3-14 所示。

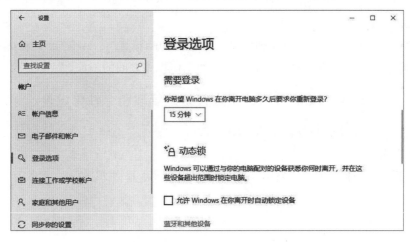

图 3-14　"登录选项"的设置

（2）添加本地新账户 student，密码设置为 123456789，对用户账户进行管理。

①在"设置"|"账户"|"家庭和其他账户"中，单击"将其他人添加到这台电脑"。在"Microsoft 账户"对话框中，单击"我没有这个人的登录信息"，在接下来的"创建账户"步骤中，单击"添加一个没有 Microsoft 账户的用户"，打开如图 3-15 所示窗口，在对应编辑栏输入账户的信息。

②添加好后，在"家庭和其他账户"的"其他用户"列表中查看该账户。

图 3-15　在 Windows 10 中创建一个本地新账户

（五）更多的系统信息

查看所用计算机的更多系统信息。

〖操作步骤〗

选择"开始"菜单中"Windows 管理工具"|"系统信息"，可以查看到更多计算机系统的硬件资源和软件环境信息，如图 3-16 所示。

图 3-16　查看系统信息

回答问题：什么是物理内存和虚拟内存？你所用计算机的物理内存和虚拟内存配置是什么？

_____。

(六) 系统的维护

(1)利用 Windows 10 的"磁盘清理"依次对所用计算机的各磁盘(驱动器)进行清理。

〖操作步骤〗

选择"开始"菜单中"Windows 管理工具"|"磁盘清理"完成，注意观察各步骤，并记录下清理各磁盘时分别能获得的空间总数。

(2)利用 Windows 10 的"碎片整理和优化驱动器"，对磁盘进行维护。

〖操作步骤〗

略。

(3)创建系统还原点。

①在任务栏上的搜索框中，键入"创建还原点"，然后从结果列表中选择它，打开"系统属性"对话框，如图 3-17 所示。

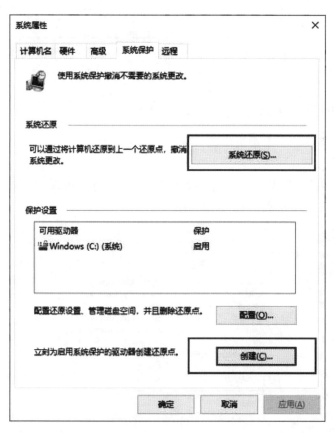

图 3-17　创建系统还原点与系统还原

②在"系统属性"对话框的"系统保护"选项卡上,选择"创建"。

③键入有关还原点的描述,然后单击"创建"|"确定"。

创建系统的还原点后,在以后使用计算机的过程中,如果系统出现了异常,可以将系统回退到当前的设置,避免了重装系统的麻烦。还原的方法是在"系统属性"对话框的"系统保护"选项卡上,选择"系统还原",如图 3-17 所示。

五、讨论与思考

(1)删除快捷方式意味着原文件也被删除了吗?

(2)比较"库"与"文件夹"的相同点与不同点。

(3)Windows 10 与 Windows 7 相比,在"开始"菜单上有哪些新的改进或不同?

(4)通过本次实验,我们对操作系统的概念有了更多的认识和理解,请简述 Windows 操作系统是如何管理计算机系统的软、硬件资源的。

实验 4 Word 2019 基本操作与排版

一、实验目的与实验要求

（1）熟练掌握 Word 2019 文档的建立、保存和打开。

（2）熟练掌握 Word 2019 文档基本编辑方法。

（3）熟练掌握 Word 2019 字体、段落、项目符号和编号、分栏、首字下沉及边框与底纹等格式设置。

（4）熟练掌握 Word 2019 表格编辑及格式化。

（5）掌握 Word 2019 图文混排、艺术字插入、公式编辑器等使用。

二、相关知识

（一）选定文档文本

在 Word 2019 中，选定文本的范围包括：一个或多个句子、一个或多个段落、一个或几个词语，或是整篇文章。

（1）如果选定的文本范围比较小，可以从要选定文本的起始位置拖动鼠标左键，停在终点位置，拖过的区域就是所选中的区域。

（2）如果要选定的文本是一块矩形区域时，先按住"Alt"键，同时拖动鼠标左键，从矩形框的一个顶点到另一个对角顶点。

（3）如果要选中的文本范围很大而且是连续时，可以先在要选中文本的起始位置单击一下，然后按住"Shift"键的同时单击一下文本的终点位置。

（4）如果选择的区域不连续，可以先选定一部分，在按住"Ctrl"键的同时选中下一个，选完了再放开"Ctrl"键。

（5）如果是全选的话，用"Ctrl＋A"键最方便。

（二）文档的排版

文档排版是对文档中的文本、表格、图形、图片等对象的格式进行设置。文档的基础排版包括字体格式、段落格式、边框和底纹、项目符号和编号、分栏、首字下沉等，高级排版主要包括格式刷、样式、页眉和页脚设置等。

(三)格式刷

在 Word 2019 中,格式同文字一样是可以复制的。格式刷就是"刷"格式用的,也就是复制格式用的,可用来复制字符格式或段落格式。

复制字符格式时,选定含有该格式的字符,单击"格式刷"按钮 ,鼠标就变成了一个小刷子的形状,再选定要应用此格式的文本即可完成字体格式复制。

复制段落格式时把光标定位在段落中,单击"格式刷"按钮,鼠标变成了一个小刷子的样子,然后选中或者单击另一段即完成段落格式复制。

若要多次应用相同的格式,可双击"格式刷"按钮,再多次选定要复制格式的字符或者段落;应用后,再次单击"格式刷"按钮或按"Esc"键可取消格式刷。

(四)撤消或恢复

在 Word 编辑时,可以使用撤消或恢复刚进行的操作,达到快速编辑的目的。撤消操作:单击"撤消"按钮 ,在其旁边的下拉框可以选择撤消以前的好几步操作;还可以使用"Ctrl＋Z"快捷键,完成撤消工作。

恢复是撤销的反向操作,只有此前上一步刚刚执行过撤消命令,恢复操作才能使用。恢复操作:单击"恢复"按钮 ,也可以用"Ctrl＋Y"快捷键,完成恢复工作。

(五)查找与替换

查找和替换命令是编辑文本时非常有用的两个工具。查找用来在文档中搜索文本;替换用来在文档中搜索和替换指定的文本、格式、脚注、尾注或批注标记等。

查找替换分为文字替换、格式替换、特殊字符和通配符替换。Word 所提供的查找和替换功能,不仅可以替换普通的文字、替换带有格式的文档,还可以查找和替换特殊字符等。

(六)绘图及图文混排

Word 文档中可以嵌入图形或图片,并可将文字环绕在图形周围以增加文档的说服力和艺术效果。Word 2019 剪贴库提供了丰富的图标形状等,可以非常方便地插入到文档中;也可使用绘图工具在文档中绘制各种图形,图片还可以来自文件或输入设备(如扫描仪、数码相机等)。

在 Word 2019 中,图片环绕方式有嵌入型、四周型、紧密型、穿越型、上下型、衬于文字下方、浮于文字上方;也可完成图片的更改、压缩、裁剪、颜色编辑、艺术效果设置等。

(七)表格

用表格来表示一些数据可以更简明、直观。表格由若干行和若干列组成,行列的交叉处称为单元格。表格的编辑包括对表格、行、列或单元格的删除、插入、复制、移动、合并、拆分等操作。表格的格式化包括表格内容的格式化和表格外观的格式化。表格内容的格式化有字体、对齐、缩进、设置制表位等，与文本格式化操作相同。表格外观的格式化包括行高、列宽、相对于页面水平方向的对齐方式等。

（八）辅助应用程序

公式、艺术字和图表是 Word 提供的三个辅助应用程序。辅助应用程序能够创建插入或嵌入文档的对象。这些应用程序都使用对象链接和嵌入技术，或称为 OLE，这是 Microsoft 制定的应用程序共享信息的标准。对象嵌入后，即成为文档的一部分，既可以调整其大小，将其移动到新位置，又可以进行编辑。

Word 排版基础

三、实验内容与操作步骤

（一）创建 Word 文档

〖要求〗

新建 Word 空白文档，输入如图 4-1 所示的文字内容（段前段后都不要输入空格）。在 D 盘学号文件夹下，以"word_1"为文件名保存此文档。

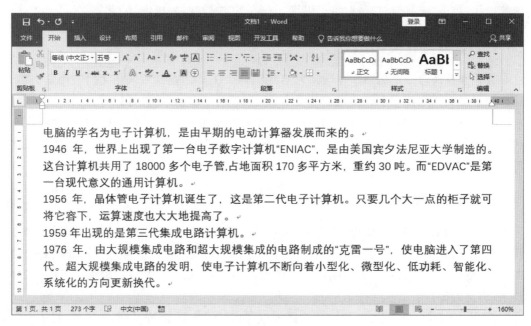

图 4-1　新建文档的内容

〖操作步骤〗

（1）Word 2019 的启动

双击桌面 Word 快捷图标，或者选择任务栏菜单"开始" |"Word"，又或者选择任务

栏菜单"搜索" 🔍 ，搜索内容输入：word，找到 Word 应用程序，单击打开。

打开 Word 应用程序窗口，自动新建了一个空白文档（缺省的文档名称为"文档 1"、"文档 2"……），输入图 4-1 所示的文字。

(2)文档的保存

①输入完毕后，选择菜单"文件"|"保存"，或者单击"保存"按钮 💾，出现"另存为"窗口，单击"浏览"，出现"另存为"对话框。

②在"保存位置"下拉列表框中选择"本地磁盘（D：）"，单击其上面的"新建文件夹"按钮，修改刚新建的文件夹名为自己的学号。

③双击学号文件夹，使当前保存路径为学号文件夹。在"文件名"文本框中输入"word_1"，在"保存类型"下拉列表框中选择"Word 文档"，单击"保存"按钮，即完成第一次保存文档。

以后如果文档有修改，需要单击"保存"按钮，及时保存文档，此时不会弹出"另存为"对话框；如果想保存文档到不同位置或者以不同的文件名命名，可选择菜单"文件"|"另存为"，打开"另存为"对话框，选择合适的保存位置和文件名重新保存文档。

(二)文档排版

(1)字体格式设置

〖要求〗

①给文章加上标题"电脑简介"（不包括引号），将标题设置成红色，隶书，加粗、二号，蓝色双下划线，左上透视阴影文字，字符间距为加宽 3 磅。

②正文其他文字设置为楷体、小四号。

〖操作步骤〗

①将光标定位在文档最前面，按"Enter"回车键，这样在文档最上面会插入一行，单击它，使光标定位到该行。

②输入标题文字"电脑简介"，选中它，单击菜单"开始"选项卡"字体"组的"对话框启动器"按钮 ▣。

③出现"字体"对话框，设置"字体颜色"为红色，"中文字体"为"隶书"，"字形"为"加粗"，"字号"为"二号"，"下划线线型"为双下划线，"下划线颜色"为蓝色，如图 4-2(a)所示。

④单击"字体"对话框左下角的"文字效果"按钮，出现"设置文本效果格式"对话框，单击"文字效果"选项 Ⓐ，左边框中选择"阴影"，如图 4-2(b)所示。在右边"预设"下拉框中选择"透视"区域的第一个"透视：左上"，如图 4-2(c)所示。单击"确定"按钮，返回"字体"对话框。

⑤单击"字体"对话框左上角的"高级"选项卡，设置字符间距为加宽 3 磅。单击"确定"按钮，关闭"字体"对话框。

⑥拖动选中所有正文文本，右击选中的文本，在出现的快捷菜单中选择"字体"，打开"字体"对话框，设置字体楷体、字号小四。简单的字体格式设置也可以在"字体"功能区直

接进行设置，或者可以在选中文本后弹出的快捷菜单中设置。

（a）字体对话框

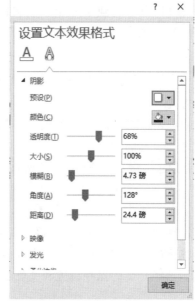
（b）设置文本效果格式

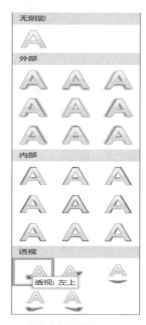
（c）阴影设置

图 4-2　字体对话框和文字效果设置

（2）段落格式设置

〖要求〗

①将标题所在段落设置行距为 1.1 倍行距，段前段后间距分别为 10 和 6 磅，并居中。

②设置正文各段的左缩进、右缩进均为 1 厘米，首行缩进为 2 字符。

③设置正文第 3 段"1956 年，晶体管……提高了。"悬挂缩进 2 字符。

④将正文 2、3 两段合并为一段。

⑤将新合并的第 2 段和第 3 段交换位置。

〖操作步骤〗

①光标定位在标题行，单击菜单"开始"|"段落"组的"对话框启动器"按钮 ，出现"段落"对话框，设置"对齐方式"为"居中"。段前和段后间距原来单位为"行"，请务必用直接输入的方法将单位改成"磅"，段前段后间距分别为 10 和 6 磅。行距设置要先选择"多倍行距"，然后修改"设置值"为"1.1"，如图 4-3 所示。

②选中正文各段，打开"段落"对话框，按要求设置左缩进、右缩进为"1 厘米"（原来单位为"字符"，直接输入修改）；在"特殊格式"处选"首行缩进"，"缩进值"为 2 字符。

③光标定位在正文第 3 段，打开"段落"对话框，按要求设置悬挂缩进。

④将光标定位在第 2 段段落结束符 ↵ 上，按"Delete"键，即可将两段合并。

⑤选中新的第 3 段"1959 年出现的……"包括段落结束符 ↵，拖动选中的段落到第 2 段段落最前面，即可将第 3 段插入到第 2 段之前。

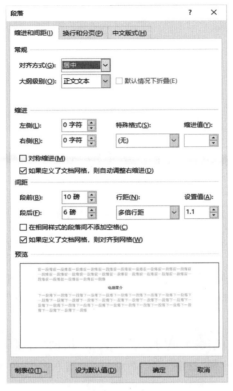

图 4-3　段落设置

(3)边框和底纹设置

〖要求〗

对第 1 段文字"电脑的学名……"加上线宽为 1.5 磅的紫色双实线方框,并设置图案样式为 20%、填充色为黄色底纹。

〖操作步骤〗

①拖动鼠标选中第 1 段文字部分(从左到右拖动选中第 1 段,然后再从右到左拖动回来一点,使得不要选中段落结束符),单击菜单"设计"|"页面背景"组的"页面边框"按钮,出现"边框和底纹"对话框。

②"边框和底纹"对话框中,选择"边框"选项卡,依次设置边框"样式"为双实线、"颜色"为紫色、"宽度"为 1.5 磅,在"应用于"下拉列表框中选择"文字",如图 4-4(a)所示。

③"边框和底纹"对话框中,选择"底纹"选项卡,按要求设置填充为黄色、图案样式为20%,如图 4-4(b)所示。

(a) 边框设置　　　　　　　　　　　　(b) 底纹设置

图 4-4　边框和底纹设置

(4)首字下沉和分栏操作

〖要求〗

对第 3 段"1946 年,……"设置首字下沉 2 行;对第 4 段文字"1976 年,……"分两栏,设置分栏间距为 1 字符,并加上分隔线。

〖操作步骤〗

①光标定位在第 3 段,单击菜单"插入"|"文本"组的"首字下沉"按钮,在出现的菜单中选择"首字下沉选项",出现"首字下沉"对话框,设置"位置"为下沉,"下沉行数"为 2,单击"确定"按钮。

②拖动鼠标选中第 4 段文字部分,不要选中段落结束符,这样可以防止分栏成单边的效果。

③单击菜单"布局"|"页面设置"组的"栏"按钮,在出现的菜单中选择"更多栏",出现"栏"对话框,"预设"选择"两栏","间距"设置为 1 字符,选中"分隔线"复选框,其他设置不变,如图 4-5 所示。单击"确定"按钮,并保存文档。

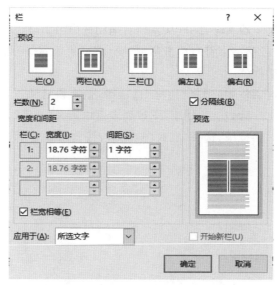

图 4-5　分栏设置

(三)插入电脑图标图片

〖要求〗

在第 3 段中插入电脑图标,设置图片环绕方式为"四周型"环绕,并移动到合适的位置。

〖操作步骤〗

①光标定位在第 3 段除首字下沉文字外其他文字处,注意不能选中任何内容。

②选择菜单"插入"|"插图"组的"图标",打开"插入图标"窗口,在"搜索文字"文本框中输入"电脑",选择搜索到的第一个图标插入。

③右击插入的图标,在弹出的快捷菜单中选择"环绕文字"|"四周型"。调整图片到适当位置,参考效果图如图 4-6 所示。

④保存 word_1 文档,并关闭文档。

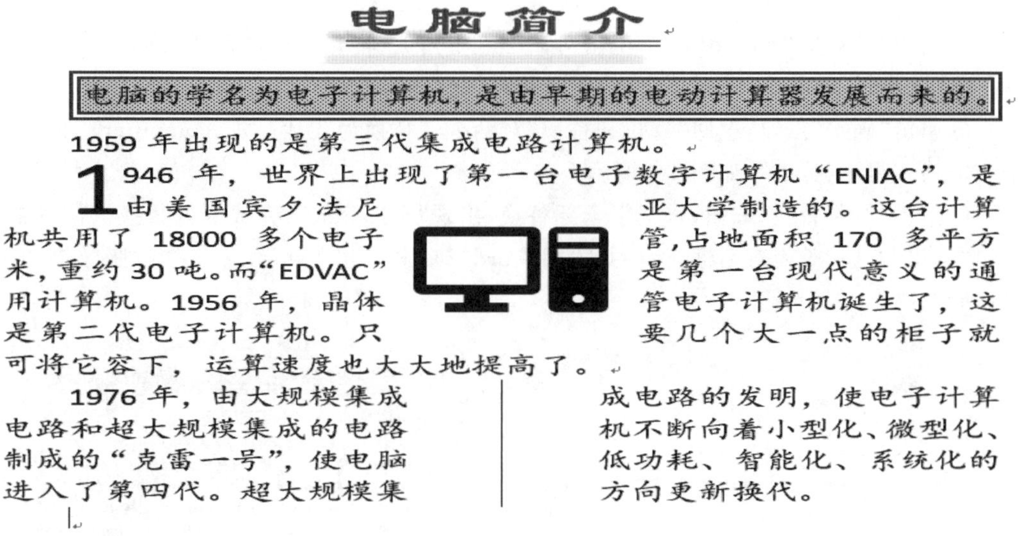

图 4-6　word_1 文档排版效果图

(四)修改图片效果

〖要求〗

将 word_1 文档另存为 word_2 文档,在 word_2 中修改图片为冲蚀效果,将正文中的图片置于文字之下,放大图片使之覆盖文档文字内容。

〖操作步骤〗

①重新打开已经保存的 word_1 文档,选择菜单"文件"|"另存为",将文档另存为"word_2"。

②在 word_2 文档中,右击图片,在弹出的快捷菜单中选择"设置图形格式",出现"设置图形格式"窗格,单击"图片"选项 ,在"图片颜色"组中,选择"重新着色"中的"冲蚀"选项。

③右击图片,在弹出的快捷菜单中选择"环绕文字"|"衬于文字下方"。

④拉大图片使其成为文档文字的背景。若此时图片没有选中,则必须先选中图片,可使用"开始"|"编辑"组的"选择"|"选择对象"来实现。

(五)查找和替换操作

【要求】

在 word_2 文档中,将文中所有的"计算机"之后加上文字"(computer)",并要求将文中所有的"计算机(computer)"文字加上着重号。

【操作步骤】

①单击菜单"开始"|"编辑"组的"替换"按钮,出现"查找和替换"对话框。

②在"查找内容"文本框中输入"计算机",在"替换为"文本框中输入"计算机(computer)"。

③单击"更多"按钮,展开"搜索选项"栏。

④选中"计算机(computer)",单击对话框左下角的"格式"按钮,在弹出的子菜单中选择"字体",出现"替换字体"对话框,设置着重号"·"。

⑤单击"确定"按钮,返回"查找和替换"对话框,"替换为""计算机(computer)"文本框下方的格式显示为"点",如图 4-7 所示。

⑥单击"全部替换"按钮,将文字全部替换,出现"全部完成。完成 8 处替换。"信息框,单击"确定"按钮,关闭对话框,保存并关闭 word_2 文档,此时 word_2 文档排版效果如图 4-8 所示。

图 4-7　替换文本

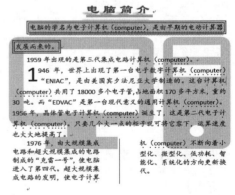

图 4-8　word_2 文档排版效果图

Word 的表格制作

(六)制作表格

【要求】

新建一个文档,建立如图 4-9 所示的个人简历表格,并设置表格外框线为 1.5 磅粗蓝双实线、内框线为 0.5 磅细红实线等,然后以"word_3"为文件名保存。

姓名		性别		出生年月		
籍贯		民族		政治面貌		
通信地址				邮政编码		
电子邮件				电话		
学习经历						
自我简介						

图 4-9　个人简历表格

〖操作步骤〗

（1）简单表格制作

①新建一个空白"word_3"文档。

②选择菜单"插入"|"表格"组的"表格"|"插入表格"，出现"插入表格"对话框。

③选择列数为 6，行数为 4，然后单击"确定"按钮，即创建了一个 4 行 6 列的表格。

（2）表格编辑

①选中表格最后 1 列，选择菜单"表格工具"|"布局"|"行和列"组的"在右侧插入"，为表格增加一列。

②选中表格第 3 行的第 2、3、4 共 3 个单元格，右击，在弹出的菜单中选择"合并单元格"合并 3 个单元格；同样操作，合并第 4 行的第 2 到第 7 个单元格。

③选中表格第 3 行，选择菜单"表格工具"|"布局"|"行和列"组的"在上方插入"，这样在第 3 行上方插入了了与其一样的一行。

④移动光标到最后 1 行的最后一个单元格中，按"Tab"键增加一行。

⑤选中第 7 列的第 1 到第 4 个单元格，选择菜单"表格工具"|"布局"|"合并"组的"合并单元格"。

（3）表格属性设置

①单击表格左上角的全选按钮，选中整个表格，右击，在弹出的快捷菜单中选择"表格属性"，出现"表格属性"对话框。

②在"表格"选项卡中，将"对齐方式"设置为居中，如图 4-10 所示。

③在"行"选项卡中，选中"指定高度"复选框，并设置最小值为 0.9 厘米。

④在"列"选项卡中，选中"指定宽度"复选框，并设置为 2.1 厘米。

⑤在"单元格"选项卡中，设置"垂直对齐方式"为居中。单击"确定"按钮退出。

图 4-10　"表格属性"设置

（4）表格边框设置

①选中整个表格，选择菜单"表格工具"|"设计"。

②在"边框"组中，"笔样式"选择双实线，"笔划粗细"选择 1.5 磅，"笔颜色"选择蓝色；单击"边框"下拉框，选择"外侧框线"按钮 外侧框线(S)，将表格外框设置好。

③在"边框"组中，"笔样式"选择单实线，"笔划粗细"选择 0.5 磅，"笔颜色"选择红色；单击"边框"下拉框，选择"内部框线"按钮 内部框线(I)。如果此时内部框线不见了，则需要再单击一次"内部框线"按钮，将表格内部框线设置好。

（5）表格内容输入

移动光标到表格中的各个单元格，按照图 4-9 所示的内容进行输入。用"Ctrl"键＋鼠标拖动选中输入的所有文字，一次性设置中文字体为黑体，字号小四。

（6）表格格式化

①选中整个表格，单击菜单"开始"|"段落"组的"居中"按钮 ，使得表格在页面中居中显示。

②选中表格文字，"居中"按钮，使得文字在表格单元格中水平居中显示。

③将空白处填入的个人真实信息后，要求使用格式刷设置为楷体。具体方法如下。

● 将读者的姓名，先设置成楷体。

● 选中含有该格式的姓名，双击"开始"|"剪贴板"组的"格式刷"按钮 ，鼠标就变成了一个小刷子的形状，可多次拖动选取要应用此格式的文本。

● 格式刷应用后，再单击"格式刷"按钮或按"Esc"键可结束格式复制。

④移动光标到最后一行行底边线上,当指针变为上下的双向箭头时,往下拖动鼠标,增大该行行高。

(七)插入艺术字

〖要求〗

在 word_3 文档中,在表格上方插入"个人简历"艺术字,样式要求是"填充:红色,主题色 2;边框:红色,主题色 2",并将艺术字以"上下型"环绕显示。

〖操作步骤〗

①光标定位在第一个单元格最前面,按回车键,即在表格上面插入一行,将光标定位到那一行。

②选择菜单"插入"|"文本"组的"艺术字",出现艺术字库,选择需要的样式。

③出现"请在此放置您的文字"占位符,输入"个人简历"。

④单击插入的艺术字的虚线外框,使其变为实线外框时,右击它,在弹出的快捷菜单中选择"环绕文字"|"上下型环绕",并将艺术字尽量居中。保存 word_3 文档。

(八)插入公式

〖要求〗

在"word_3"文档表格下方插入公式 $\int \dfrac{\mathrm{d}x}{\sqrt{x^2 \pm a^2}} = \ln(x + \sqrt{x^2 \pm a^2} + \mathrm{C})$

〖操作步骤〗

①将光标定位于"word_3"文档表格下方,单击菜单"插入"|"符号"组的"公式"按钮 π 公式 ,出现"公式工具设计"功能区。

②选中"积分"下拉框中的符号 $\int$,将光标插入点移入虚框中。

③选中"分式"下拉框中的符号 ▭/▭ ,将插入点移入分数线上面的虚框中,输入字符串"dx",再将插入点移入分数线下面的虚框中。

④选中"根式"下拉框中的符号 $\sqrt{}$,将插入点移入根号里面的虚框中。

⑤选中"上下标"下拉框中的符号 ▭□ ,将插入点移入乘幂下方虚框中,输入"x",将插入点移入乘幂上方虚框中,输入"2"。移动插入点到与"x"平行位置。

⑥选中"符号"组中的符号 ± 。

⑦参照②到⑥的方法,便可完成编辑工作。其中, $\sqrt{x^2 \pm a^2}$ 相同部分可以复制。保存word_3 文档。

(九)插入页眉和页脚

〖要求〗

在文件"word_1"中插入页眉为学号及姓名,学号姓名请输入真实信息,页脚为页码编号,居中显示。

【操作步骤】

①打开文件"word_1",选择菜单"插入"|"页眉和页脚"组的"页眉"|"编辑页眉",进入页眉编辑状态,输入自己的学号及姓名,如图 4-11 所示。

图 4-11　页眉编辑状态

②单击菜单"页眉和页脚工具设计"|"导航"组的"转至页脚",进入页脚编辑状态。

③单击菜单"页眉和页脚工具设计"|"页眉和页脚"组的"页码"按钮,出现的下拉项中选择"页面底端"|"普通数字 2"将页码插入到页脚中并居中显示。

④单击菜单"页眉和页脚工具设计"|"关闭页眉和页脚"按钮,退出页眉页脚编辑环境,保存并关闭文档。

(十)插入脚注和尾注

【要求】

在文件"word_2"中标题插入尾注,注释文字为"学号＋姓名＋排版",学号姓名请输入真实信息,设置左右页边距各为 2 厘米。

【操作步骤】

①打开文件"word_2",光标放在标题文字后面,选择菜单"引用"|"脚注"组的"插入尾注",插入尾注,注释文字为"2021001 张三排版"字样。

②把光标定位在正文任意位置,选择菜单"布局"|"页面设置"组的"页边距"|"自定义边距",在弹出的"页面设置"对话框中设置左右页边距为 2 厘米。

四、讨论与思考

(1)在新建文件后,执行"文件"菜单中的"保存"命令与"另存为"命令是否相同? 在文件已保存过后,单击"保存"按钮,为什么会没有反应?

(2)在文档的编辑过程中,发生了错误时,应该采取什么措施?

(3)体会使用"Delete"删除键和"BackSpace"退格键在删除未选定文本时的区别,当选定文本后,又有什么区别?

(4)在 Word 窗口中,如果未显示功能区,应怎样显示出来?

(5)尾注和脚注有何区别?

实验 5　Word 2019 高级应用

一、实验目的与实验要求

(1)掌握样式和模板的建立、修改和应用方法。

(2)掌握长文档编辑技巧,掌握分节、题注和交叉引用等方法。

(3)掌握邮件合并操作,理解域的使用。

(4)掌握论文、书稿等大型文档的排版。

二、相关知识

(一)样式

样式是一组已命名的字符或段落格式的组合。样式是系统或用户定义并保存的一系列排版命令。样式可确保所编辑文档格式编排的一致性,并且还能在不需重新设定文本格式的情况下就快速更新一个文档的样式。例如一篇文档的各级标题、页眉页脚等,它们有各自的字体格式、段落格式等,分别有各自的样式名。

样式主要包括字符样式和段落样式,字符样式保存了字体的格式,段落样式保存了字体和段落的格式。用户对文档中段落的字符进行排版时,希望使用自己的风格,那就需要新建样式。如果对某一已应用于文档的样式进行修改,那么文档中所有应用该样式的字符或段落也将随之改变格式。用户自定义的样式可以删除。

(二)模板

模板是一种特殊的文档。模板中保存了许多文档的格式,如页面设置、字体格式、段落格式、样式等。利用模板可以快速创建同一类型的文档。

一个模板包含以下几方面内容:同类文档(如报告、出版物等)中相同的文本、格式和图形、样式、自动图文集、页面设置、宏、域等。

(三)邮件合并

单独创建信函、邮件、传真、标签、信封或赠券将会非常耗时,这就是引入邮件合并功能的目的。

当希望创建一组除了每个文档中包含某些特定元素以外基本相同的文档时,可以使用邮件合并功能。例如,在新产品的宣传信中,每封信中都将显示贵公司的徽标以及有关该产品的文本,但是每封信中的地址和问候语各不相同。

使用邮件合并功能,可以创建以下对象。

(1)一组标签或信封:所有标签或信封上的寄信人地址均相同,但每个标签或信封上的收信人地址将各不相同。

(2)一组套用信函、电子邮件或传真:所有信函、邮件或传真中的基本内容都相同,但是每封信、每个邮件或每份传真中都包含特定于各收件人的信息,如姓名、地址或其他个人数据。

(3)一组编号赠券:除了每个赠券上包含的唯一编号外,这些赠券的内容完全相同。

(四)题注和交叉引用

在利用 Word 编辑图文混排的文档时,谁也不可能保证自己撰写的文档会一次成功而不做任何修改,不可避免地会碰到增删某些图的情况,以及对插入的图的顺序进行变更。这就产生一个问题,为了使文档产生图文并茂的效果除了需要为图添加适当的图注之外,还需要在文档中经常为指明某一图片而在不同之处引用图注的名称(如在文档中可见"请参见图 1、图 2"等字样)。这些内容若采用手工进行不但是比较麻烦的事情,而且一旦调整或修改了文档中的图片顺序,必将出现修改编号的问题。

题注就是给图片、表格、图表、公式等项目添加的名称和编号。例如,在本书的图片中,就在图片下面输入了图编号和图题注,这可以方便读者查找和阅读。使用题注功能可以保证长文档中图片、表格或图表等项目能够按顺序地自动编号。如果移动、插入或删除带题注的项目时,Word 可以自动更新题注的编号。插入题注既可以方便地在文档中创建图表目录,又可以不担心题注编号会出现错误。而且一旦某一项目带有题注,还可以对其进行交叉引用。

交叉引用是将编号项、标题、脚注、尾注、题注、书签等项目与其相关正文或说明内容建立的对应关系,既方便阅读,又为编辑操作提供了自动更新手段。创建交叉引用前要先对项目作标记(比如先插入题注),然后将项目与交叉引用链接起来。

交叉引用功能不但可免去重复输入、修改的麻烦,而且最方便的是:交叉引用的图注等内容还具有自动更新功能,也就是说当用户引用图注的编号发生变化之后,Word 会自动对其进行更新,这就免去了用户手工更新或出现更新错误。

交叉引用可以为 6 种项目类型创建交叉引用,它们是编号项、标题、题注、书签、脚注、尾注。建立了交叉引用之后,每次打印和保存文档时,Word 都会自动更新用于交叉引用的内容。但当建立交叉引用之后,又重新修改文档,变更一些项目的位置等,应对原有的交叉引用进行更新。

(五)节

默认情况下一个 Word 文档只有一个版面设计,而实际情况是文档的不同部分可能有不同的版面设置需求。如对文档的不同部分设置独立的页码系统,此时需要将整个文档分成逻辑上独立的排版单元,这些单元在 Word 中就称之为节,节的划分由分节符来完成。

"节"是文档版面设计的最小有效单位,可以以节为单位设置页边距、纸型和方向、页眉和页脚、页码、脚注和尾注等多种格式类型。在同一文档中,如果要设置不同的页面布局,就需要先分节,再对各节设置不同的布局;同一文档中要设置各章不同的页眉页脚,也必须先对各章进行分节,然后再设置不同的页眉页脚内容。

(六)域

域是 Word 中支持数据自动化的占位符,其实质是一段程序代码,目录、题注、交叉引用及我们经常用到的页码实际上都是通过域来实现的。域的特点是对其对应的信息源发生变化时可以让它同步更新,以保持信息的一致性。

按下"Alt＋F9"组合键,可在显示域代码或显示域结果之间切换。

Word 提供了 9 大类 74 个域,我们不可能全部掌握,只需要对经常用到的域作一简单了解就行了。这里希望大家了解下列几个常用域。

- Page:插入当前页的页码
- StyleRef:插入具有类似样式的段落中的文本
- CreateDate：插入文档的创建日期和时间
- FileName：插入文档文件名
- NumPages：插入文档的总页数
- NumWords：插入文档的总字数
- MergeField：插入邮件合并域名

(七)审阅和修订

在论文和书稿定稿前往往需要多次修改,有些还需要多人修改。如何在修改过程中留下痕迹供作者参考,如何接受或拒绝前次修改意见,下面介绍一下。

(1)审阅和修订。选择菜单"审阅"|"修订"组的"修订",可使论文处于修订状态,此时对论文做任何修改,都将留下修改痕迹留在论文中。

(2)接收或拒绝修订。单击选择菜单"审阅"|"更改"组的"接受"下拉框的相应的选项,可接受修订;而单击"拒绝"下拉框的相应的选项,则可拒绝修订,修改痕迹都会消失。

(八)Word 2019 的新特性

(1)翻译工具。在 Word 2019 的"审阅"选项卡的"语言"组中,选择"翻译",打开"翻译工具",可以支持 70 多种语言的翻译。

(2)更方便的阅读模式。值得一提的是 Word 2019 在阅读模式上的最新功能,主要包括沉浸式阅读器、语音朗读、模式翻页等。在 Word 2019 的"视图"选项卡中,在"沉浸式"组中选择"沉浸式阅读器",进入"沉浸式阅读器"模式,可以调整列宽、页面颜色、文字间距等,这些调整并不影响 Word 文档本身的内容格式,只是为了方便阅读。在"沉浸式阅读器"模式中,可以选择"大声朗读",开启语音朗读功能。在"视图"选项卡的"页面移动"组中,选择"翻页",开启模式翻页功能,可以模拟翻书的阅读体验。

三、实验内容与操作步骤

(一)样式和模板

(1)制作样式

〖要求〗

新文档 word_4 中,制作一个基于字符的样式,样式名为"word_样式",字体格式为五号、蓝色、华文楷体、加粗、绿色下划线。

Word 高级应用

〖操作步骤〗

①新建一个空白文档"word_4"。单击菜单"开始"|"样式"组的"对话框启动器"按钮，出现"样式"窗格。

②单击该窗格左下角的"新建样式"按钮，弹出"根据格式化创建新样式"对话框,在"名称"文本框中输入"word_样式",在"样式类型"下拉列表框选择"字符"。

③单击左下角"格式"按钮,在弹出的菜单中选择"字体",出现"字体"对话框,按要求设置字体格式为五号、蓝色、华文楷体、加粗、绿色下划线。

④单击"确定"按钮,返回"根据格式化创建新样式"对话框,如图 5-1 所示,单击"确定"按钮,完成样式的创建。

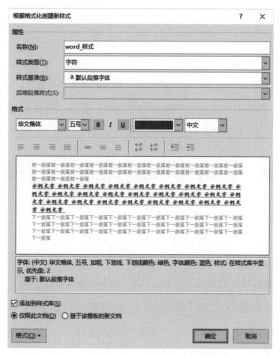

图 5-1　新建样式

⑤此时在"样式"窗格的列表框中已经多了一项带格式的"word_样式"。"样式"窗格

中选中"显示预览"复选项,列表框中显示样式预览的效果word_样式。保存文档"word_4"。

(2)应用样式和制作模板

〖要求〗

为2021年上半年全国计算机软件考试制作一个准考证模板,纸张大小为宽度16厘米、高度13厘米,页面垂直居中,如图5-2所示,其中选中部分区域文字要求应用"word_样式"样式。

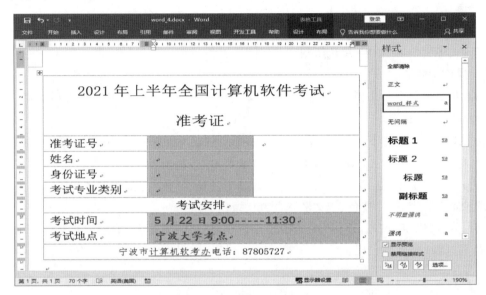

图5-2　准考证模板

〖操作步骤〗

①在"word_4"文档中,使显示"样式"窗格,选中"显示预览"复选项,拖动样式列表滚动条到最顶端,找到并单击"全部清除"选项清除所有格式,样式列表停留在"正文"上。

②单击菜单"布局"|"页面设置"组的"对话框启动器"按钮 ,打开"页面设置"对话框。

③单击"纸张"选项卡,将纸型设为自定义,纸张大小设置为宽度16厘米,高度13厘米。

④单击"布局"或者"版式"选项卡,"页面"栏的"垂直对齐方式"设置为"居中",单击"确定"按钮。

⑤选择菜单"插入"|"表格"组的"表格"|"插入表格",插入一个9行3列的表格。将表格按照图5-2合并单元格,输入文本内容,其中表格第1行输入了两行文字。

⑥单击表格左上角的全选按钮 ,选中整个表格,选择菜单"表格工具"|"设计"。在"边框"组中,"笔样式"选择第一条虚线,"笔划粗细"选择0.5磅,单击"边框"下拉框,选择"所有框线"按钮。

⑦将表格其中1、6、9行居中显示,设置表格第1行文字为四号宋体,最后1行为小五号仿宋,其他文字为默认的五号宋体。

⑧用鼠标拖动结合"Ctrl"键,选取准考证号、姓名、身份证号、考试专业类别、考试时间、考试地点 6 个项目右边的单元格,如图 5-2 所示。注意:这几个项目还是原来的字体和格式。

⑨单击"样式"窗格的列表框中的"word_样式",将该样式应用于选中的 6 个单元格,保存"word_4"文档。

⑩选择菜单"文件"|"另存为",弹出"另存为"对话框,"保存类型"选择"Word 模板(＊.dotx)","保存位置"选择 D 盘自己的学号文件夹,在"文件名"文本框中输入"准考证模板",单击"保存"按钮,保存文档为模板文件,关闭该文档。

(3)应用模板

〖要求〗

利用"准考证模板"模板创建一个"××同学准考证"文档。

〖操作步骤〗

①从计算机中找到 D 盘自己学号文件夹下的"准考证模板.dotx"。

②双击打开它,Word 2019 就会自动用该模板生成一个新的文档,文档内容同图 5-2 显示一样,但是文件名称不是"准考证模板.dotx",而是"文档 1"类的模板空文档。

注意:如果想修改"准考证模板.dotx"文档,可以使用菜单"文件"|"打开"去打开此文档进行修改。

③这里请输入读者真实的姓名和身份证号信息,然后保存成文档"××同学准考证"即可。

不过应用模板制作每个同学的准考证号,一次生成一个同学的准考证,还是比较麻烦,在 Word 2019 中,可以使用邮件合并功能,一次性同时生成多位同学的准考证。

(二)邮件合并

〖要求〗

使用模板和邮件合并功能,一次性同时生成所有同学的准考证。

〖操作步骤〗

(1)准备数据源

在 D 盘的学号文件夹下,新建一个名为"考生表"的 Word 文档,制作如图 5-3 所示的表格。当然如果教师提供"考生表"的话,只要复制或下载"考生表"到自己学号文件夹中,记得一定要关闭"考生表"文档。

准考证号	姓名	身份证号	考试专业	类别	电话	照片
2100100101	张杰	330226199601014326	程序员	初级	600601	
2100100102	孙小斌	330224199505112312	网络管理员	初级	600602	
2100100103	王海涛	330227199703101432	网络工程师	中级	600301	
2100100104	李西悦	330225199606064326	电子商务技术员	中级	600302	
2100100105	王小芳	330223199612081436	系统分析师	高级	600401	
2100100106	金大福	330226199602031426	信息处理技术员	初级	600402	

图 5-3　考生表

(2)利用模板生成新文档

从计算机中找到 D 盘学号文件夹下的"准考证模板. dotx",双击打开,Word 2019 就会自动用该模板生成一个新的文档,保存文档为"word_5"。

(3)邮件合并

①选择菜单"邮件"|"开始邮件合并"组的"开始邮件合并"|"信函"。

②选择菜单"邮件"|"开始邮件合并"组的"选择收件人"|"使用现有列表",在出现的"选取数据源"对话框中,选择学号文件夹下的"考生表",单击"打开"按钮。

③单击菜单"邮件"|"开始邮件合并"组的"编辑收件人列表",出现"邮件合并收件人"对话框,全选收件人,然后单击"确定"按钮。

④把光标定位在准考证号右边的单元格上,单击菜单"邮件"|"编写和插入域"组的"插入合并域",出现"插入合并域"下拉框,选择"准考证号"。

⑤参考步骤④,给其他空白单元格插入相应的合并域(姓名,身份证号,考试专业,类别和照片),合并域插入完成后的效果如图 5-4 所示。保存文档"word_5"。

⑥多次单击"预览结果"组中的"下一记录"按钮 ▶,完成所有数据的预览显示。

图 5-4　插入合并域效果

⑦单击"完成"组的"完成并合并"下拉框,选择"编辑单个文档"按钮,出现"合并到新文档"对话框,选中"全部",单击"确定"按钮。

⑧生成一个新的文件,默认文件名为"信函 1",该文件中为每位同学生成了一份准考证,至此完成邮件合并,将合并成的信函文件另存为"word_准考证"。

⑨选择菜单"视图"|"显示比例"组的"多页",按住"Ctrl"键,并且滚动鼠标使一屏上显示 6 页,如图 5-5 所示,此时"准考证号、姓名……"等为黑色,"2100100101 张杰……"等为蓝色 **word_样式**。

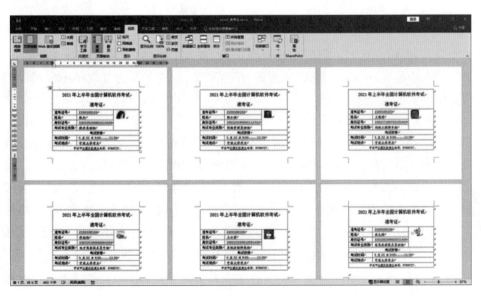

图 5-5　word_准考证

(三)论文排版

通过复杂的论文排版练习,可使读者能以全局的视角来审视并完成毕业论文、书稿等大型文档的高级排版。

假设已有"word_论文.docx"文件,打开它,选中菜单"视图"|"显示"组的"导航窗格",即可发现比原来多了一列,该列显示的就是导航窗格,如图 5-6 所示。此时文档还没有进行排版,所以导航中没有导航选项卡,文章显示有些杂乱无章。

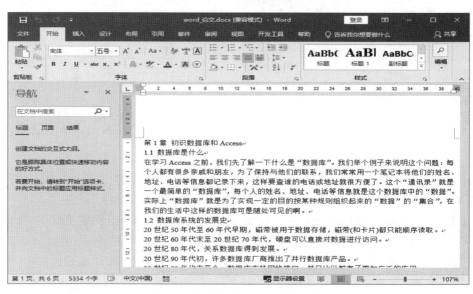

图 5-6　排版前的 Word_论文文档

(1)自动化章、节编号

【要求】

章名使用样式"标题 1",并居中;编号格式为:第 X 章,其中 X 为自动排序。小节名使用样式"标题 2",左对齐;编号格式为:多级符号,X. Y.。其中 X 为章数字序号,Y 为节数字序号(例:1.1.)。

【操作步骤】

①单击菜单"开始"|"样式"组的"对话框启动器"按钮 ▣,出现"样式"窗格,拖动该窗格标题到 Word 窗口最右边,使其固定显示在右侧,选中"显示预览"复选项。

②光标定位在文档中的"第 1 章……"一行,单击菜单"开始"|"段落"组的"多级列表"下拉框 ▦,在出现的选项中选择"定义新的多级列表",出现"定义新多级列表"对话框,单击左下角的"更多"按钮,"更多"按钮变成了"更少",并出现右边"起始编号"等详细信息。

③"单击要修改的级别"中选择"1";"输入编号的格式"文本框中,在原来"1"的前后加上"第"和"章"(注意不要删除原来有底纹的文字 1,此时显示 **第1章**);"将级别链接到样式"下拉框选择"标题 1";"编号之后"选择"空格",如图 5-7 所示,此时不要单击"确定"按钮。

④"单击要修改的级别"中选择"2";"输入编号的格式"文本框中,在原来"1.1"的后面

章节自动
化编号

加上".";"将级别链接到样式"下拉框选择"标题 2";"要在库中显示的级别"下拉框选择"级别 2";"编号之后"选择"空格",如图 5-8 所示。

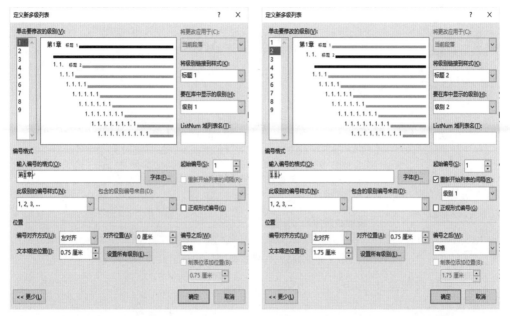

图 5-7　定义多级列表级别 1　　　　　图 5-8　定义多级列表级别 2

⑤单击"确定"按钮,"样式"窗格中发现标题 1 样式名称变成了"第 1 章 标题 1",同时增加了"1.1.标题 2"样式。

⑥正文中,原来文字"第 1 章 初始数据库和 Access"变成了"1.1.初始数据库和Access",光标定位在该行,单击选中样式名称"第 1 章 标题 1"。

⑦单击菜单"开始"|"段落"组的"居中"按钮 ≣,"样式"窗格中增加了"**第1章 标题1+居中**"样式。

⑧双击"开始"|"剪贴板"组的"格式刷"按钮,滚动鼠标找到并单击"第 2 章 走进Access"行,使设置成"**第1章 标题1+居中**"样式,此时该行文字变成了"第 2 章第 2 章 走进 Access"。其中第一个"第 2 章"为产生的标题 1 章自动编号(单击它有底纹),千万不要删除;第二个"第 2 章"为原文正文文字,需要删除。

⑨光标为刷子状态下,继续单击第 3 章、第 4 章等行,使设置成"**第1章 标题1+居中**"样式。单击"格式刷"按钮,使格式刷不起作用。删除标题 1 章自动编号后面的重复文字"第 2 章"、"第 3 章"、"第 4 章"等。

⑩光标定位在文档中的"1.1 数据库是什么"一行,单击选中样式名称"1.1.标题 2",双击"格式刷"按钮 ✍,滚动鼠标找到并单击"1.2"、"1.3""2.1"等如 X.Y 同级别的行,使其设置成标题 2 样式。删除标题 2 节自动编号后面的重复文字。此时导航窗格、样式窗格及论文显示效果如图 5-9 所示。

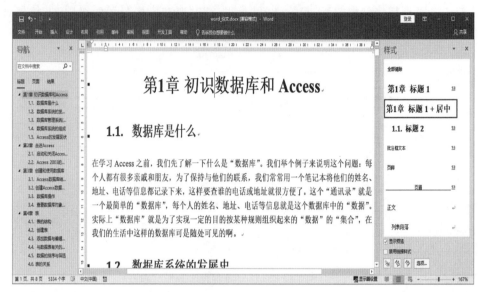

图 5-9　导航窗格、样式窗格及论文显示效果

（2）论文样式创建及应用

〖要求〗

①新建样式，样式名为"论文样式"；其中字体：中文字体为"楷体"，西文字体为"Times New Roman"，字号为"小四"；段落：首行缩进 2 字符，段前间距 0.5 行，段后间距 0.5 行，行距 1.1 倍；其余格式默认。

②将该样式应用到正文中无编号的文字。注意：不包括章名、小节名、表文字、表和图的题注（表上面一行和图下面一行文字）。

〖操作提示〗

①把光标定位到普通正文"在学习 Access 之前"段落上。

②单击"样式"窗格左下角的"新建样式"按钮，弹出"根据格式化创建新样式"对话框，在"名称"文本框中输入"论文样式"，在"样式类型"下拉列表框选择"段落"。

③单击对话框左下角的"格式"按钮，在弹出的菜单选择"字体"，出现"字体"对话框，按要求设置字体，单击"确定"按钮返回。

④单击对话框左下角的"格式"按钮，在弹出的菜单选择"段落"，按要求设置段落，单击"确定"按钮返回。

⑤单击"确定"按钮。"样式"窗格中增加了"论文样式"样式。

⑥双击格式刷，单击正文中各个无编号的文字段落，完成样式应用。

（3）自动化编号

段落自动
化编号

〖要求〗

对出现"1."、"2."…处，进行自动编号，编号格式不变；对出现"1)"、"2)"…处，进行自动编号，编号格式不变。

〖操作提示〗

①如果连续几个段落都是有编号的(编号格式不限),则拖动鼠标一起选中。如果只有一个段落有编号(前后两段都没有编号),则光标放在该段落即可。(注意:不连续的编号段落,不要使用 CTRL 键一起选中,不连续的编号单独做)。

②单击菜单"开始"|"段落"组的"编号"☰选项。

③重复上述两个步骤即可完成编号设置。单击已经设置好的编号,单击它会出现灰色底纹。如果极个别情况出现编号出错,则可使用格式刷解决。

(4)添加题注

〖要求〗

①对正文中的图添加题注"图",位于图下方,居中。题注编号为"章序号"—"图在章中的序号"(例如第 1 章中第 2 幅图,题注编号为 1-2);图的说明使用图下一行的文字,格式同标号;图居中。

②对正文中的表添加题注"表",位于表上方,居中。题注编号为"章序号"—"表在章中的序号"(例如第 1 章中第 1 张表,题注编号为 1-1);表的说明使用表上一行的文字,格式同标号;表居中。

〖操作提示〗

①光标定位到第 1 幅图片下一行文字之前(同一行),选择菜单"引用"|"题注"组的"插入题注"按钮,弹出"题注"对话框。

②单击"新建标签"按钮,弹出"新建标签"对话框,在"标签"处输入"图",单击"确定"按钮,返回"题注"对话框。

③单击"编号"按钮,弹出"题注编号"对话框,选中"包含章节号"复选框,单击"确定"按钮,返回"题注"对话框。

④返回后"题注"对话框如图 5-10 所示,单击"确定"按钮,插入"图 2-1"题注完毕,单击"居中"按钮使其居中。

⑤选中图片,单击"居中"按钮,将图居中。

⑥光标定位到其他图片下一行文字之前,选择菜单"引用"|"插入题注",弹出"题注"对话框,这时不需要新建标签和设置编号了直接单击"确定"按钮,即可插入图的题注。再将图居中,题注居中即可。

图 5-10　"题注"对话框

⑦光标定位到第 1 张表格上一行文字之前,新建标签"表",参照插入图题注步骤,完成所有表的题注操作,并设置题注和表都居中显示。

(5)使用交叉引用

〖要求〗

①对正文中出现"如下图所示"的"下图",使用交叉引用,改为"如图 X-Y 所示",其中

"X-Y"为图题注的编号。

②对正文中出现"如下表所示"的"下表",使用交叉引用,改为"如表 X-Y 所示",其中"X-Y"为表题注的编号。

〖操作提示〗

①选中一幅图附近文字"如下图所示"的"下图",选择菜单"引用"选项下"题注"组的"交叉引用"按钮,弹出"交叉引用"对话框。

②"引用类型"下拉框选择"图",如果"引用类型"下拉框中没有发现"图",则需要重返图的插入题注操作新建标签"图"。

③"引用内容"下拉框选择"只有标签和编号",选择"引用哪一个题注"相对应的图,如图 5-11 所示。单击"插入"按钮即可插入一个图的交叉引用。

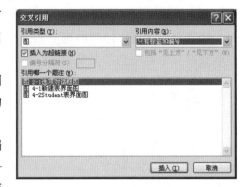

图 5-11　"交叉引用"对话框

④"交叉引用"对话框不必关闭,所有图的交叉引用插入完成后再关闭该对话框即可。

⑤选中一张表附近文字"如下表所示"的"下表",参照以上图的交叉引用插入方法,"引用类型"下拉框选择"表",完成所有表的交叉引用。

(6)分节、自动化目录等

〖要求〗

①对正文做分节处理,每章为单独一节,分节符类型为"下一页"。

②在正文前按序插入 3 节,分节符类型为"下一页"。使用"引用"功能生成相应项:

第 1 节:目录。其中,"目录"使用样式"标题 1",并居中;"目录"下为目录项。

第 2 节:图索引。其中,"图索引"使用样式"标题 1";"图索引"下为图索引项。

第 3 节:表索引。其中,"表索引"使用样式"标题 1";"表索引"下为表索引项。

分节和生成目录

〖操作提示〗

①单击选中"第 1 章",选择菜单"布局"|"页面设置"组的"分隔符"下拉框,选择"分节符"栏的"下一页"按钮进行分节。分别选中"第 2 章"、"第 3 章"、"第 4 章"章,用"下一页"分节符分节。

②单击选中"第 1 章",再插入两个分节符。

③在插入的"第 1 章"前的 1-3 节中分别输入"目录"、"图索引"和"表索引"字样,将自动生成的"第 1 章"等字样删除,并居中。

④光标放在第 1 节文本"目录"右边,按回车键后,再选择菜单"引用"|"目录"组的"目录"下拉框,选"自定义目录"按钮,弹出"目录"对话框,如图 5-12 所示,单击"确定"按钮,插入目录项。

⑤光标放在第 2 节文本"图索引"右边,按回车键后,再选择菜单"引用"|"题注"组的"插入表目录"按钮,弹出"图表目录"对话框,选择"题注标签"下拉框中"图",单击"确定"按钮,插入图索引,如图 5-13 所示。

⑥光标放在第3节文本"表索引"右边,按回车键后,再选择菜单"引用"|"题注"组的"插入表目录"按钮,弹出"图表目录"对话框,选择"题注标签"下拉框中"表",单击"确定"按钮,插入表索引。

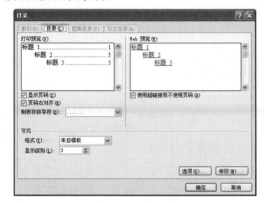

　　　　图 5-12　制作目录　　　　　　　　　图 5-13　制作图表目录

(7)添加页脚

〖要求〗

使用域,在页脚中插入页码,居中显示。其中:

①正文前的节,页码采用"ⅰ,ⅱ,ⅲ,…"格式,页码连续;

②正文中的节,页码采用"1,2,3,…"格式,页码连续;

③更新目录、图索引和表索引。

〖操作提示〗

①光标定位到"目录"上,选择菜单"插入"|"页眉和页脚"组的"页脚"下拉框,选择"编辑页脚",切换到页脚输入状态,并使页脚居中。

②选择菜单"插入"|"文本"组(或者选择菜单"页眉和页脚工具设计"|"插入"组)的"文档部件"下拉框的"域",弹出"域"对话框,选择"类别"下拉框中的"编号",选中"域名"中的"Page",选中"域属性"栏下"格式"中的"ⅰ,ⅱ,ⅲ,…",如图5-14所示,单击"确定"按钮。

③选择菜单"插入"(或者选择菜单"页眉和页脚工具设计")|"页眉和页脚"组的"页码"下拉框,选择"设置页码格式",弹出"页码格式"对话框,选择"编号格式"下拉框中的"ⅰ,ⅱ,ⅲ,…",如图5-15所示,单击"确定"按钮。

④使用菜单"页眉和页脚工具设计"|"导航"组的"下一条",光标分别定位在正文前的"图索引"和"表索引"两节的页脚上,打开"页码格式"对话框,设置编号格式为"ⅰ,ⅱ,ⅲ,…"。

图 5-14　页码域设置

图 5-15　页码格式设置

⑤选择菜单"页眉和页脚工具设计"|"关闭页眉和页脚"按钮。

⑥右击第 1 节的目录项，选择"更新域"，在弹出的"更新目录"对话框中选择"更新整个目录"单选项，再单击"确定"按钮，此时更新后的目录如图 5-16 所示。目录、图索引和表索引分别对应页码 ⅰ，ⅱ，ⅲ。

目录

图 5-16　更新后的目录

⑦选择菜单"插入"|"页眉和页脚"组的"页脚"下拉框，选择"编辑页脚"，再次切换到页脚输入状态。滚动鼠标光标定位到正文第 1 章第 1 页上的页脚"ⅳ"上，选择菜单"页眉和页脚工具设计"|"导航"组"链接到前一条页眉"按钮，使其处于未选中状态，此时页脚右

边的"与上一节相同"字样消失。

⑧选择菜单"插入"|"页眉和页脚"组的"页码"|"页面底端"|"普通数字 2"插入正文页码,此时正文第 1 页上会出现页码 4。当然也可以使用同②插入域方法添加页码,格式设置成"1,2,3,…"。

⑨拖动鼠标选中页码,右击它,在弹出的快捷菜单中选择"设置页码格式",打开"页码格式"对话框,选择"编号格式"下拉框中的"1,2,3,…",设置"起始页码"为"1"。此时正文第 1 页上页码变成 1。

⑩同⑥操作再次更新目录。注意观察目录页和索引页的页码格式应该为"ⅰ,ⅱ,ⅲ",正文页格式为"1,2,3",并且页码从 1 开始。

⑪更新图索引和表索引,此时页码更新后如图 5-17 所示。

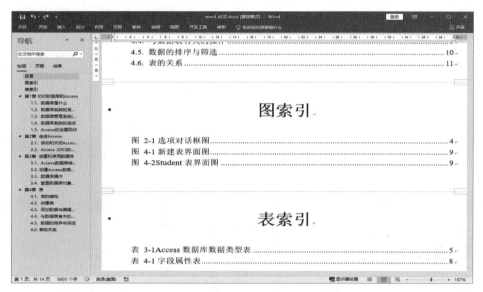

图 5-17　图索引和表索引更新后的页码

(8)添加正文的页眉

〖要求〗

使用域,按以下要求添加内容,居中显示。其中:

①对于奇数页,页眉中的文字为:章序号＋章名＋学号;

②对于偶数页,页眉中的文字为:节序号＋节名＋姓名。

添加页眉

〖操作提示〗

①光标定位在正文第 1 章第 1 页上,选择菜单"插入"|"页眉和页脚"组的"页眉"下拉框,选择"编辑页眉",切换到页眉输入状态。选择菜单"页眉和页脚工具设计"|"导航"组"链接到前一条页眉"按钮,使页眉右边的"与上一节相同"字样消失。

②选中菜单"页眉和页脚工具设计"|"选项"组的"奇偶页不同"复选框。这样正文第 1 页的页眉左边就会出现"奇数页页眉－第 4 节－"字样。

③选择菜单"页眉和页脚工具设计"|"插入"组的"文档部件"下拉框的"域",弹出"域"

对话框,选择"类别"下拉框中的"链接和引用",选中"域名"中的"StyleRef",选中"样式名"中的"标题1",选中"插入段落编号"复选框,如图5-18所示,单击"确定"按钮,插入章序号。

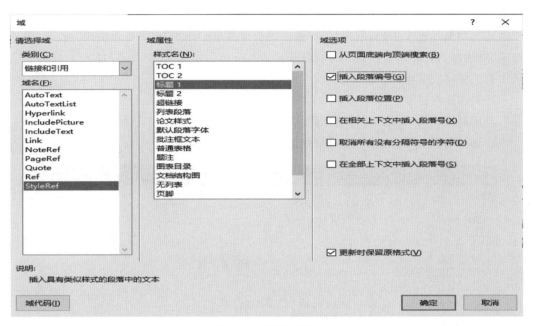

图5-18 "域"对话框

④输入一个空格,重复上一步,除了不选中"插入段落编号"复选框,单击"确定"按钮,插入章名。输入一个空格,再输入读者的学号,如图5-19所示。

⑤光标定位到正文第2页的页眉,页眉左边有"偶数页页眉—第4节—"字样。选择菜单"页眉和页脚工具设计"|"导航"组"链接到前一条页眉"按钮,使页眉右边的"与上一节相同"字样消失。

⑥同③—④操作设置偶数页页眉,此时与奇数页设置不同的地方就在于把"样式名"中的"标题1"改选成"标题2",其他操作一样,插入节序号、节名和姓名。

图5-19 奇数页页眉设置

実験5 Word 2019 高级应用

⑦由于页眉设置了奇数页和偶数页,所以偶数页页脚需要重新设置:

● 光标定位在正文第2页页脚上,选择菜单"页眉和页脚工具设计"|"导航"组"链接到前一条页眉"按钮,使页脚右边的"与上一节相同"字样消失。

● 选择菜单"页眉和页脚工具设计"|"导航"组的"上一条",选中正文第1页页码,按Ctrl+C复制;单击"导航"组的"下一条"返回到正文第2页的页脚上,按"Ctrl+V"粘贴,页码2被插入。

● 同上的操作方法,复制"目录"一节的页脚页码到"图索引"一节的页脚上。

⑧观察文档部分效果图,如图5-20所示,保存word_论文。

图5-20 论文排版后效果

(9)Word文档另存为PDF文档

〖要求〗

把"word_论文.docx"文档另存为PDF文档"word_论文.pdf"。

〖操作提示〗

①选择菜单"文件"|"另存为",弹出"另存为"对话框。

②"保存类型"选择"PDF(*.pdf)",选择保存位置,设置文件名,单击"保存"按钮,即创建了PDF文档。

65

四、拓展练习 1：短文档单项题

（1）建立成绩信息文档"cj. xlsx"，如图 5-21 所示。要求使用邮件合并功能，建立成绩单范本文件"cj_t. docx"，如图 5-22 所示。生成所有学生的成绩单"cj. docx"。

图 5-21　cj. xlsx

《姓名》同学

语文	《语文》
数学	《数学》
英语	《英语》

图 5-22　cj_t. docx

提示：成绩单"cj. docx"效果如图 5-23 所示。

张三同学

语文	85
数学	88
英语	75

李四同学

语文	65
数学	77
英语	76

王五同学

语文	80
数学	66
英语	78

赵六同学

语文	95
数学	86
英语	88

图 5-23　cj. docx

（2）建立文档"city. docx"，共有两页组成。要求：

①第一页内容如下：

第一章 浙江

第一节杭州和宁波

第二章 福建

第一节福州和厦门

第三章 广东

第一节 广州和深圳

要求：章和节的序号为自动编号（多级列表），分别使用样式"标题1"和"标题2"。

②新建样式"福建"，使其与样式"标题1"在文字格式外观上完全一致，但不会自动添加到目录中，并应用于"第二章 福建"。

③在文档的第二页中自动生成目录（注意：不修改目录对话框的缺省设置）。

④对"宁波"添加一条批注，内容为"海港城市"；对"广州和深圳"添加一条修订，删除"和深圳"。

提示注意点：

①新建"福建"样式时，光标定位在"第二章福建"行，样式基准为"标题1"，样式格式中打开"段落"对话框后，将大纲级别设置为"正文文本"。

②添加修订时，将修订处于选中状态，然后再删除"和深圳"。

③样式等效果如图5-24所示，目录效果如图5-25所示。

图5-24　各样式及修订等效果

图5-25　目录效果

（3）建立文档"考试信息.docx"，共有三页组成。要求：

①第一页中第一行内容为"语文"，样式为"标题 1"；页面垂直对齐方式为"居中"；页面方向为纵向、纸张大小为 16 开；页眉内容设置为"90"，居中显示；页脚内容设置为"优秀"，居中显示。

②第二页中第一行内容为"数学"，样式为"标题 2"；页面垂直对齐方式为"顶端对齐"；页面方向为横向、纸张大小为 A4；页眉内容设置为"65"，居中显示；页脚内容设置为"及格"，居中显示。对该页眉添加行号，起始编号为"1"。

③第三页中第一行内容为"英语"，样式为"正文"；页面垂直对齐方式为"底端对齐"；页面方向为纵向、纸张大小为 B5；页眉内容设置为"58"，居中显示；页脚内容设置为"不及格"，居中显示。

提示注意点：

①第一页输入"语文"后，马上插入"下一页"分节符；第二页输入"数学"后，马上插入"下一页"分节符。

②修改首页以外的页眉和页脚时，要选择菜单"页眉和页脚工具设计"|"导航"组"链接到前一条页眉"按钮，使其处于未选中状态，此时页眉或页脚右边的"与上一节相同"字样消失后，然后再修改内容。

③效果如图 5-26 所示。

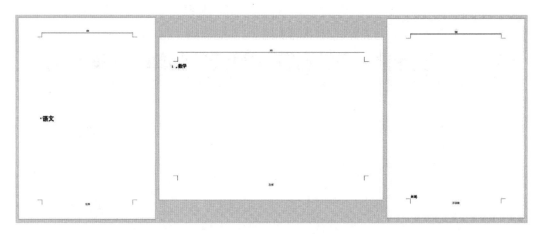

图 5-26　考试信息效果

五、拓展练习 2：长文档综合题

打开素材"圆明园"文档，按下面的操作进行操作，并将结果存盘。

（一）对正文进行排版

（1）章名使用样式"标题 1"，并居中；

- 章号（例：第一章）的自动编号格式为：多级列表，第 X 章（例第 1 章），其中 X 为自动编号。

- 注意:X 为阿拉伯数字序号。

(2)小节名使用样式"标题 2",左对齐;

- 自动编号格式为:多级列表,X.Y。其中 X 为章数字序号,Y 为节数字序号(例:1.1)。
- 注意:X 为阿拉伯数字序号。

(3)新建样式,样式名为"样式 12345"。其中:

- 字体:中文字体为"楷体",西文字体为"Times New Roman",字号为"小四";
- 段落:首行缩进 2 字符,段前间距 0.5 行,段后间距 0.5 行,行距 1.5 倍;其余格式默认。

(4)对出现"1."、"2."...处,进行自动编号,编号格式不变;

(5)将(3)中样式应用到正文中无编号的文字。

- 不包括章名、小节名、表文字、表和图的题注(表上面一行和图下面一行文字)。
- 不包括(4)中设置自动编号的文字。

(6)对正文中的图添加题注"图",位于图下方,居中。要求:

- 编号为"章序号"—"图在章中的序号"(例如第 1 章中第 2 幅图,题注编号为 1—2);
- 图的说明使用图下一行的文字,格式同编号;
- 图居中。

(7)对正文中出现"如下图所示"的"下图"两字,使用交叉引用。

- 改为"图 X-Y",其中"X-Y"为图题注的编号。

(8)对正文中的表添加题注"表",位于表上方,居中。

- 编号为"章序号"—"表在章中的序号"(例如第 1 章中第 1 张表,题注编号为 1-1);
- 表的说明使用表上一行的文字,格式同编号;
- 表居中。表内文字不要求居中。

(9)对正文中出现"如下表所示"的"下表"两字,使用交叉引用

- 改为"表 X-Y",其中"X-Y"为表题注的编号。

(10)对正文中首次出现"圆明园"的地方插入脚注。

- 添加文字"被誉为一切造园艺术的典范和万园之园。"

(二)在正文前按序插入节

分节符类型为"下一页",使用 Word 提供的功能,自动生成如下内容:

(1)第 1 节:目录。其中:

- "目录"使用样式"标题 1",并居中;
- "目录"下为目录项。

(2)第 2 节:图索引。其中:

- "图索引"使用样式"标题 1",并居中;
- "图索引"下为图索引项。

(3)第 3 节:表索引。其中:

- "表索引"使用样式"标题 1",并居中;
- "表索引"下为表索引项。

(三)使用适合的分节符,对全文进行分节

添加页脚,使用域从插入页码,居中显示。要求:

(1)正文前的节,页码采用"ⅰ,ⅱ,ⅲ,…"格式,页码连续;

(2)正文中的节,页码采用"1,2,3,…"格式,页码连续;

(3)正文中每章为单独一节,页码总是从奇数开始;

(4)更新目录、图索引和表索引。

(四)添加正文的页眉

使用域,按以下要求添加内容,居中显示。其中:

(1)对于奇数页,页眉中的文字为:章序号＋章名;(例如:第 1 章 ＊＊＊)

(2)对于偶数页,页眉中的文字为:节序号＋节名。(例如:1.1 ＊＊＊)

提示注意点:

(1)第 2 章、第 3 章、第 4 章处插入的是"奇数页"分节符。

(2)因为有奇偶页设置,页眉设置完成后,务必别忘了将奇数页的页脚拷贝到偶数页的页脚。

(3)最后排版后效果如图 5-27 所示。

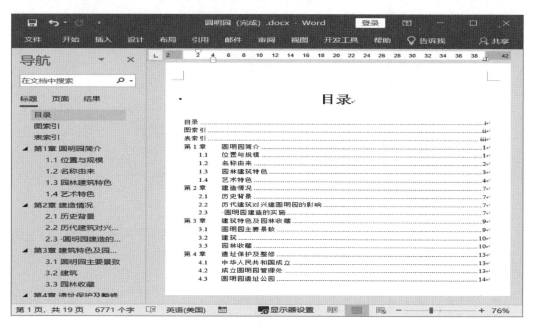

图 5-27　圆明园排版后效果

六、讨论与思考

（1）使用样式进行排版的优点是可以使文档的格式更加规范；试排版某文档，设置标准的各级标题（利用样式中的标题排版），然后自动产生此文档目录（排版完成后，使用"插入"菜单的"索引和目录"来完成）。

（2）在设置页眉时，能否改变页眉与正文之间的分隔线？可以的话，试将此分隔线设置为蓝色双线。

（3）脚注或尾注在使用自动编号时，在原注释中间插入新的脚注或尾注，原注释标记是否自动调整？

（4）邮件合并的数据源可以是哪些文件？

（5）请讨论 Word 2019 有哪些新特性，并在 Word 2019 中对这些新特性进行体验。

七、课后大作业

内容可自由命题，但内容要健康、进步。例如：自我介绍、对大学生活的感想、学习电脑知识的经验和体会，感兴趣的话题如文学、艺术、学习、生活、体育、旅游等。要求如下。

（1）文字内容量：大于等于两页 A4 纸张。

（2）基本功能：

①中文标点符号的正确输入。

②页面设置（A4 纸张大小，页眉左侧为文章选题，右侧为作者姓名和学号，页脚居中为页码）。

③文字修饰（文章正文部分为 5 号宋体字，文章标题和内容小标题应根据整体效果进行字号、字体、样式和效果的设置）。

④段落排版（包括文字对齐方式、段落缩进、行距等）。

⑤表格、图文混排、自动编号、文字或段落样式、公式、脚注或尾注。

⑥目录、图或表索引、标题样式 、页眉页脚、题注和交叉引用、分节或分栏、邮件合并等高级应用。

实验 6　Excel 2019 工作簿与工作表的基本操作

一、实验目的与实验要求

(1)熟练掌握 Excel 2019 工作簿与工作表的基本操作。

(2)熟练掌握 Excel 2019 公式和函数的应用。

(3)熟练掌握 Excel 2019 工作表图表的创建、编辑和格式化。

(4)熟练掌握 Excel 2019 数据清单的基本操作和管理功能。

二、相关知识

(一)工作簿、工作表、单元格的含义及它们之间的关系

Excel 2019 启动后的窗口如图 6-1 所示。Excel 2019 的工作界面主要由文件菜单、标题栏、快速访问工具栏、功能区、编辑栏、工作表格区、滚动条和状态栏等元素组成。

从图 6-1 中可以看出工作簿、工作表及单元格之间的包含关系：

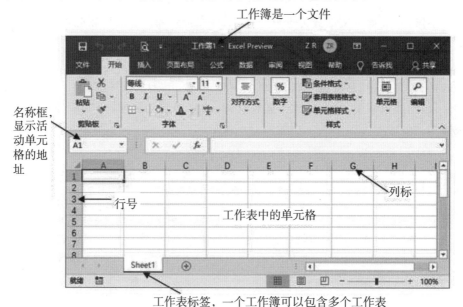

图 6-1　Excel 2019 窗口

（1）一个 Excel 2019 文件就是一个工作簿，它默认的文件扩展名是 .xlsx。可以对工作簿进行新建、保存、打开和关闭等操作。一个工作簿由一张或多张工作表组成。

（2）工作表不可以单独存在，必须存在于工作簿中，是组成工作簿的基本单位。工作表是一张表格，表中每行由数字 1、2、3 等行号标识，每列由 A、B、C 等列标标识，行与列的交叉称为单元格。

（3）当前选中的单元格称为活动单元格。选定活动单元格后，在名称框中出现活动单元格的地址，在数据编辑栏中显示活动单元格的内容。可以在名称框中直接输入单元格的地址，指定活动单元格。也可以在数据编辑栏中直接输入数据、编辑公式、统计数据等操作。

（二）单元格地址与单元格区域

单元格由列标和行号组成的单元格地址标识。例如 B7 表示第 B 列第 7 行的单元格。

在 Excel 中，许多操作都和区域直接相关。单元格区域是指由工作表中一个或多个单元格组成的矩形区域。区域的地址由矩形对角的两个单元格的地址组成，中间用冒号相连。如 B2:E8 表示从左上角 B2 单元格到右下角 E8 单元格的一个连续区域。区域地址前可以加上工作表名和工作簿名以进行多张工作表之间的操作，如 Sheet5!A1:C8。

（三）新建工作簿窗口

一个工作簿中可能包含多个工作表，如果只有一个窗口，在不同工作表之间切换、查看数据可能会不方便。可以为每个工作表创建一个显示窗口，以便同时在多个工作表中查看数据。操作步骤如下：

①在"视图"菜单选项卡的"窗口"组中，单击"新建窗口"按钮。这时原 Excel 文件名"学生成绩表"变为"学生成绩表:1"，同时出现另一个名称为"学生成绩表:2"的窗口，如图 6-2 所示。

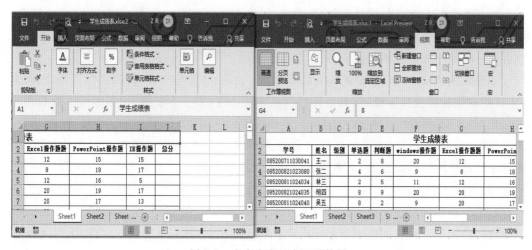

图 6-2　在多个窗口中查看数据

②在"视图"菜单选项卡的"窗口"组中,在"切换窗口"的下拉列标中切换窗口,在不同的窗口中可以打开不同的工作表。

③在"视图"菜单选项卡的"窗口"组中,单击"全部重排"按钮,打开"重排窗口"对话框,如图 6-3 所示。当选择"垂直并排"时,Excel 窗口如图 6-4 所示。

图 6-3 "重排窗口"对话框

图 6-4 在一个工作簿中同时查看多个工作表中的数据

(四)单元格数据的类型

单元格中的数据类型主要有文本、数值、日期、时间和逻辑值等。

(1)文本

单元格中的文本可包括任何字母、数字、汉字和其他符号的组合,以左对齐方式显示。如果单元格的宽度容纳不下文本串,可占相邻单元格的显示位置(相邻单元格本身并没有被占据),如果相邻单元格已经有数据,就截断显示。

如果输入的文本字符串全部由数字组成,如电话号码"057487600000",为了避免 Excel 把它按数值型数据处理(如果按数值型数据处理,第一个字符"0"在单元格中不会出现),在输入时可以先输入一个西文单引号"'",如上面的电话号码输入为'0574876000000',这时,不仅可以保留第一个字符"0",而且单元格中文本自动左对齐。或者将单元格的格式设置为"文本",即可输入数字字符串。

(2)数值

数值只能包含正号(+)、负号(-)、小数点(.)、0~9 的数字、百分号(%)、千分位号(,)等符号,它是正确表示数值的字符组合。默认情况下,数值自动以右对齐方式显示。

当单元格容纳不下一个未经格式化的数字时,就用科学记数法显示它(如 3.45E+12);当单元格容纳不下一个格式化的数字时,就用若干个"#"号代替。

要在单元格中输入分数形式的数据,应先输入"0"和一个空格,然后再输入分数,否则 Excel 会把分数按日期处理。

(3)日期和时间

输入日期时,年、月、日之间要用"/"号或"-"号分隔,如"2014/1/14"。

输入时间时,时、分、秒之间要用冒号分隔,如"10:30:00"。

如果在一个单元格中同时输入日期和时间,日期和时间应该用空格分隔。

(4)逻辑值

单元格中可输入逻辑值 TRUE(真)和 FALSE(假)。逻辑值常常由公式产生。

(五)快速填充数据

(1)使用"填充柄"

所谓"填充柄"是指位于当前区域右下角的小黑方块。将鼠标指向填充柄时,鼠标的形状变为黑十字。

使用填充柄可以在同一行或同一列中复制数据,从而快速地输入数据。操作方法是:选中要复制的单元格,将鼠标指针指向选定单元格右下角的填充柄,待鼠标指针呈"十"字形时,按住鼠标左键并沿着要填充数据的相邻单元格拖动,松开鼠标后,拖动经过的单元格就会填充上相同的数据。通过拖曳填充柄,还可以将选定区域中的内容按某种规律进行复制。

(2)自动填充序列数据

有时表格中同一行或同一列中相邻单元格的数据有一定的规律,如等差数列、等比数列,或连续的日期、编号等,此类数据称为序列数据。对于这类数据不必逐一输入,利用 Excel 提供的自动填充功能可以快速录入。例如,选定的单元格中的内容为"一月",则可以通过拖动填充柄快速在本行或本列的其他单元格中填入"二月"、"三月"……"十二月"等。

填充数字型数据时,拖动填充柄只是以复制的方式填充数据。如果要以升序或降序填充数据,则要按住"Ctrl"键,然后再拖动填充柄。

填充文本或日期型数据时,拖动填充柄则以升序或降序方式填充数据。如果要以复制方式填充数据,则要按住"Ctrl"键,然后再拖动填充柄。

如果要以升序方式填充数据,则从上到下或从左到右拖动填充柄;如果要以降序方式填充数据,则从下到上或从右到左拖动填充柄。

如果要改变数字型或日期型数据序列填充的类型,可以在按住鼠标右键拖动填充柄后,在打开的快捷菜单中选择"序列"命令,打开"序列"对话框进行设置。

(六)公式和函数

在 Excel 中,不仅可以存放数据信息,还可以对表格中的信息进行分析汇总和建立分析模型,有些工作是利用公式和函数完成的。

(1)公式及其输入

一个公式是由运算对象和运算符组成的一个序列。它由等号(=)开始,公式中可以包含运算符，以及运算对象、常量、单元格引用（地址）和函数等。Excel 有数百个内置公式，称为函数，这些函数可以实现相应的计算。一个 Excel 公式最多可以包含 1024 个字符。

Excel 中的公式基本特性如下。

①全部公式以等号开始。

②输入公式后，其计算结果显示在单元格中。

③当选定了一个含有公式的单元格后，该单元格的公式就显示在编辑栏中。

要往一个单元格中输入公式，则选中单元格后就可以输入。例如，假定单元格 B1 和 B2 中已分别输入 1 和 2，选定单元格 A1 并输入"＝B1＋B2"。按回车键，则在 A1 单元格中就会出现计算结果 3。这时，如果再选定单元格 A1 时，在编辑栏中则显示其公式为"＝B1＋B2"。

编辑公式与编辑数据相同，可以在编辑栏中，也可以在单元格中。双击一个含有公式的单元格，该公式就在单元格中显示。

（2）公式中的运算符

Excel 的运算符有三大类，其优先级从高到低依次为：算术运算符、文本运算符、比较运算符。

①算术运算符。Excel 所支持的算术运算符的优先级从高到低依次为：％（百分比）、^（乘幂）、＊（乘）和/（除）、＋（加）和－（减）。

例如：＝2＋3，＝7/2，＝2×3＋20％，＝2^10，都是使用算术运算符的公式。

②文本运算符。Excel 的文本运算符只有一个用于连接文字的符号，即 ＆。

例如：公式＝"浙江"＆"宁波"，结果为"浙江宁波"；若 A1 中的数值为 18，公式＝"My age is"＆ A1，结果为"My age is 18"。

③比较运算符。Excel 中使用的比较运算符有 6 个，其优先级从高到低依次为：＝（等于）、<（小于）、>（大于）、<＝（小于等于）、>＝（大于等于）、<>（不等于）。

比较运算的结果为逻辑值 TRUE（真）或 FALSE（假）。例如，假设 A1 单元中有值 8，则公式＝A1>10 的值为 FALSE，公式＝A1<10 的值为 TRUE。

注意：在使用公式时公式中不能包含空格（除非在引号内，因为空格也是字符）。字符必须用引号括起来。另外，公式中运算符两边一般需相同的数据类型，虽然 Excel 也允许在某些场合对不同类型的数据进行运算。

（3）在公式中引用单元格

在公式中引用单元格或区域，公式的值会随着所引用单元格的值的变化而变化。例如：在 F3 单元格中求 B3、C3、D3 和 E3 这 4 个单元的合计数。先选定 F3 单元格并输入公式＝B3＋C3＋D3＋E3，按回车键后 F3 出现自动计算结果，这时如果修改 B3、C3、D3 和 E3 中任何单元格的值，F3 中的值也将随之改变。

单元格和区域的引用有相对地址、绝对地址和混合地址多种形式。

- 相对地址：直接用列标和行号组成，如 A1。
- 绝对地址：在列标和行号前都加上"＄"符号，如 ＄B＄2。

- 混合地址:在列标或行号前加上"＄"符号,如＄B2,E＄8等。

这3种不同形式的地址在复制公式的时候,产生的结果可能完全不同。

(4)复制公式

公式的复制与数据的复制的操作方法相同。但当公式中含有单元格引用或区域引用时,根据地址形式的不同,计算结果将有所不同。当一个公式从一个位置复制到另一个位置时,Excel能对公式中的引用地址进行调整。

①公式中引用的单元格地址是相对地址。当公式中引用的地址是相对地址时,公式按相对地址进行调整。例如A3中的公式"＝A1＋A2",复制到B3中会自动调整为"＝B1＋B2"。

当公式中的单元格地址是相对地址时,调整规则为:

新行(列)地址＝原行(列)地址＋行(列)地址偏移量

②公式中引用的单元格地址是绝对地址。绝对引用:如A3中的公式"＝＄A＄1＋＄A＄2"复制到B3中时,仍然是"＝＄A＄1＋＄A＄2"。

③公式中的单元格地址是混合地址。在复制过程中,如果地址的一部分是固定(行或列)的,其他部分(列或行)是变化的,则这种地址称为混合地址。如:A3中的公式"＝＄A1＋＄A2"复制到B4中,则变为"＝＄A2＋＄A3",其中,列固定,行变化(变换规则和相对地址相同)。

(5)移动公式

当公式被移动时,引用地址还是原来的地址。例如,C1中有公式"＝A1＋B1",若把单元格C1移动到D8,则D8中的公式仍然是"＝A1＋B1"。

(6)公式中的出错信息(见表6-1)

表 6-1　公式中常见的出错信息

出错信息	可能的原因
＃DIV/0!	公式被零除
＃N/A	没有可用的数值
＃NAME?	Excel不能识别公式中使用的名字
＃NULL!	指定的两个区域不相交
＃NUM!	数字有问题
＃REF!	公式引用了无效的单元格
＃VALUE!	参数或操作数的类型有错

(7)函数

函数是随Excel附带的预定义或内置公式。Excel共提供了九大类,300多个函数,包括:数学与三角函数、统计函数、数据库函数、逻辑函数等。函数由函数名和参数组成,格式如下:

函数名(参数1,参数2,…)

函数的参数可以是具体的数值、字符、逻辑值,也可以是表达式、单元格地址、区域、区域名字等,函数本身也可以作为参数。如果函数没有参数,其格式中也必须加上括号。

函数是以公式的形式出现的,在输入函数时,可以直接以公式的形式编辑输入,也可以使用 Excel 提供的"插入函数"方法:

①直接输入。选定要输入函数的单元格,输入"＝"号和函数名及参数,再按回车键即可。例如,要在 H1 单元格中计算区域 A1:G1 中所有单元格值的和。就可以在选定单元格 H1 后,直接输入"＝SUM(A1:G1)",再按回车键。

②使用"插入函数"方法。每当需要输入函数时,单击编辑栏中的"插入函数"或选择"公式"菜单选项卡,在工具栏中单击"插入函数"按钮,打开"插入函数"对话框,如图 6-5 所示。

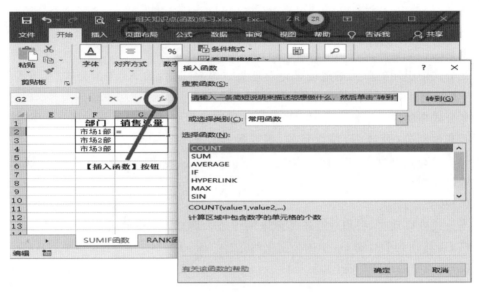

图 6-5 "插入函数"按钮与"插入函数"对话框

(七)数据库

Excel 将数据清单用作数据库,所谓数据清单是指包含相关数据的一系列工作表数据行,例如一组客户名称和联系电话,几个学生的成绩信息等。在数据清单中,第一行数据通常用来作为数据清单的表头,对清单的内容进行说明,它相当于数据库中的字段名;其他的每一行就像是数据库中的一条记录。

在工作表中创建数据清单时,必须遵循以下规则。

①避免在一个工作表上建立多个数据清单。

②在工作表的数据清单与其他数据间至少留出一个空白列和一个空白行。

③避免在数据库中放置空白行和列,这将有利于 Excel 检测和选定数据清单。

④在数据库的第一行建立表头,也就是字段名。字段名必须唯一。

⑤在设计数据库时,应使同一列中的各行的数据类型完全相同。

由于数据库是一张特殊的工作表,所以,所有有关工作表操作的命令均可使用。在执行查询、排序或汇总数据等数据库操作时,Excel 会自动将数据清单视作数据库。

三、实验内容与操作步骤

(一)工作簿与工作表的基本操作

(1)创建一个工作簿。

〖操作步骤〗

启动 Excel 2019,系统自动建立一个名为"工作簿 1"的工作簿。在新的工作簿中默认有 1 个工作表:Sheet1。

(2)按照图 6-6 所示,在"Sheet1"工作表中输入课程表数据。

图 6-6　"exp6_1.xlsx"数据

〖操作步骤〗

①输入表头:单击选中 D1 单元格,输入"×××的课程表","×××"为自己的姓名。

②在 B2 中输入"星期一",使用填充柄快速填充 C2:F2 区域的数据。

③在 A3 中输入"1",使用填充柄(同时按住"Ctrl"键)快速填充 A4:A14 区域的数据,

④合并单元格:选中 B3:B4,选择"开始"菜单选项卡,在"对齐方式"组中,单击"合并后居中"按钮右侧的下拉箭头,在打开的下拉列表框中选择"合并单元格"命令。采用相同办法按照图 6-6 合并其他单元格。

⑤输入 B3:F14 区域的数据。

提示:在一个单元格中输入多行数据时,有三种方法:

方法 1:在需要换行时,按"Alt＋Enter";

方法 2:单击"开始"|"对齐方式"|"自动换行"按钮。

方法 3:在"开始"菜单选项卡的"对齐方式"组中,单击右下角的"启动器"按钮,打开

"设置单元格格式"对话框,在"对齐"选项卡中,选择"自动换行",如图 6-7 所示。

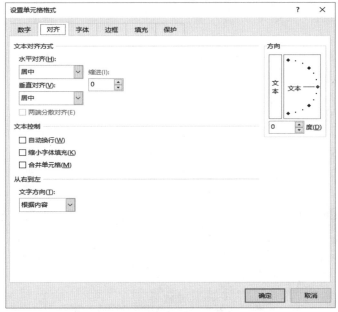

图 6-7　"设置单元格格式"对话框

(3)设置文字格式:合并区域 A1：F1,并居中,标题设置为"宋体"、"16 号"、"加粗";设置 B2：F2,A3：A14 区域设置为"加粗"、"水平居中"。其他单元格设置为"水平居中"、"垂直居中"。

〖操作步骤〗

①选中 A1:F1,单击"开始"|"合并后居中"按钮。

②在"开始"菜单选项卡的"字体"组中,选择相应命令设置字体格式。

③选中相应的单元格区域,打开"设置单元格格式"对话框,在"对齐"选项卡中设置对齐方式,参见图 6-7。

(4)设置表格边框。

〖操作步骤〗

在"开始"菜单选项卡中的"字体"组的"边框"列表中,提供了 13 种最常用的边框样式,根据需要选择合适的边框,也可以选择"其他边框"自定义边框格式。

(5)以"exp6_1.xlsx"为名保存工作簿于本地磁盘下的以自己学号命名的文件夹中。

(二)公式的使用

Excel 中
的公式

公式由运算对象和运算符组成,并以等号(＝)开始,完成对数据的加、减、乘和除等运算。

(1)新建一个工作簿,保存为"exp6_2.xlsx"。在新工作簿中按照图 6-8 所示,在"Sheet1"工作表中输入数据。

(2)将 Sheet1 更名为"水果销售表"。

图 6-8 "exp6_2.xlsx"数据

〖操作步骤〗

双击工作表标签"Sheet1",当它处于被选中状态时,输入新的工作表名"水果销售表"。

(3)在"水果销售表"数据区域右边增加一列"货物总价",并将"单价"和"销售量"的乘积存入"货物总价"列的相应单元格。

〖操作步骤〗

①选中"水果销售表"工作表的 F1 单元格,输入"货物总价"。

②选中 F2 单元格,输入"=",然后用鼠标单击 D2 单元格,这时单元格地址"D2"进入到框中,接着在后面输入乘法运算符"*",再单击 E2 单元格,这时 F2 单元格中的公式为"=D2*E2",按"Enter"键。

③选中 F2 单元格,将鼠标放到单元格右下角的"填充柄"处,向下拖动鼠标到 F11,即可完成"货物总价"列的计算。

(4)在"水果销售表"的第一行前插入标题行"水果销售表",设置为"楷体,字号 23,"合并后居中",单元格加边框线。

〖操作步骤〗略。

(5)保存"exp6_2.xlsx"。

(三)数据排序与分类汇总

数据排序可以使工作表中的数据按照一定的顺序排列,从而使工作表条理清晰。数据按升序排序时,默认的排序顺序是:

文本:按照字典顺序,汉字按照汉语拼音排序。如果包含数字,数字小于字母。

分类汇总

数字:数字按从最小的负数到最大的正数进行排序。

日期:日期按从最早的日期到最晚的日期进行排序。

逻辑:FALSE 排在 TRUE 之前。

空白单元格:无论是按升序还是按降序排序,空白单元格总是放在最后。空白单元格是空单元格,它不同于包含一个或多个空格字符的单元格。

可以按"数值"、"单元格颜色"、"字体颜色"和"单元格图标"不同的排序依据对数据排序,也可以在"排序选项"对话框中对排序规则进行设置。

分类汇总就是按照一定的类别对数据进行汇总、分析。可以按照一列或多列进行汇总。在汇总之前一定要先按分类字段进行排序,否则汇总结果将无意义。

(1)在"exp6_2.xlsx"的"水果销售表"中,按照"货物名称"升序排序,按照"货物总价"降序排序。

图 6-9　"排序"对话框

〖操作步骤〗

定位在数据清单中任一单元格,然后选择菜单选项卡"数据",在"排序和筛选"组中,单击"排序"按钮,出现"排序"对话框,如图 6-9 所示。在"主要关键字"列表框中选中"货物名称",选择"次序"为升序;单击"添加条件"按钮,在"次要关键字"列表框中选中"货物总价",选择"次序"为降序。选中"数据包含标题";单击"确定"按钮。排序后,"水果销售表"中的数据及样式如图 6-10 所示。

图 6-10　数据排序后的"水果销售表"

（2）在"分类汇总"工作表中，按照"类别"分类汇总，统计出各种类别水果的销售总额。

〖操作步骤〗

①新建工作表，命名为"分类汇总"，将"水果销售表"工作表中的数据复制到为"分类汇总"工作表中。

②在"分类汇总"工作表中，将数据清单按"类别"进行排序（升序降序皆可）。提示：选择菜单选项卡"数据"，在"排序和筛选"组中，可以直接单击或完成升/降序排序。

③选择数据清单中任一单元格，选择"数据"菜单选项卡，在"分级显示"组中单击"分类汇总"按钮，出现"分类汇总"对话框，在"分类字段"中选择"类别"，在"汇总方式"中选择"求和"，在"选定汇总项"中选择"货物总价"，选中"替换当前分类汇总"、"汇总结果显示在数据下方"复选框，如图 6-11 所示。单击"确定"按钮，结果如图 6-12 所示。

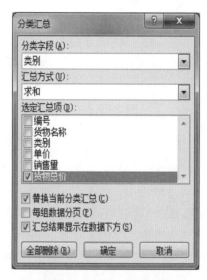

图 6-11　"分类汇总"对话框

图 6-12　分类汇总的结果

(四)图表操作

图表是工作表数据的图形表示,它能生动、形象地表示枯燥、复杂的数据。Excel 提供的图表有柱形图、条形图、折线图、饼图、XY 散点图、面积图等十几种类型,而且每种图表还有若干子类型。

在"exp6_2.xlsx"中,完成图表的相应操作。

(1)在"分类汇总"工作表中,用"三维饼图"显示汇总结果。图表标题为"水果销售比例"(楷体,字号 16),以"类别"为图例项,图例位于图表"左侧"。

〖操作步骤〗

①通过分级显示,隐藏相应数据,只显示汇总结果。提示:分类汇总后的工作表左侧出现,这时,分类汇总结果按不同类别展开显示,单击 ▬ 后变为 ╋ ,分类汇总结果折叠显示,隐藏相应数据。

图 6-13 创建图表时选中数据

②先选择"类别"列数据,再结合"Ctrl"键,选择"货物总价"列数据,如图 6-13 所示。

③在"插入"菜单选项卡中,选择"饼图"列表中"三维饼图"命令。

④在图表中双击图表标题,修改为"水果销售比例",并在"开始"菜单选项卡中,使用"字体"组中命令,将其格式设置为楷体,字号 16。

⑤选中图例,单击鼠标右键,在快捷菜单中选择"设置图例格式"命令,打开"设置图例格式"对话框,在"图例选项"中选择"靠左"。调整图表大小,使之显示在合适的区域中。

⑥创建的图表如图 6-14 所示。保存文件。

图 6-14 图表效果图

(五)页眉和页脚设置

在 Excel 2019 中插入页眉和页脚的方法有几个:其一,切换到"插入"菜单下,单击其中"页眉和页脚"按钮;其二,单击状态栏右侧的"页面布局"视图按钮,切换到"页面布局"视图,在"页面布局"视图中页眉和页脚的位置就可插入页眉和页脚了。

在"exp6_2.xlsx"的"水果销售表"中,页眉中写入"超市水果销售报表",页脚中写入制作人相关信息(自己的姓名,学号)及制作日期,设置页面居中。

〖操作步骤〗

①选择菜单选项卡"视图",单击"页面布局"按钮,进入页面布局视图,如图 6-15 所示。按照题目要求设置页眉和页脚。单击"普通"按钮,切换到普通视图。

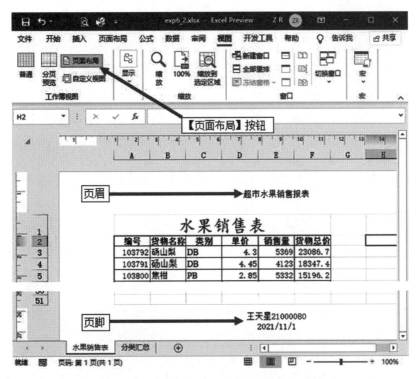

图 6-15　在"页面布局"视图中设置页眉和页脚

②选择菜单选项卡"页面布局",在"页边距"列表框中选择"自定义边距…",在弹出的"页面设置"对话框中,设置"水平"、"垂直"居中方式。

③选择菜单"文件"|"打印",可以预览打印效果,如图 6-16 所示。

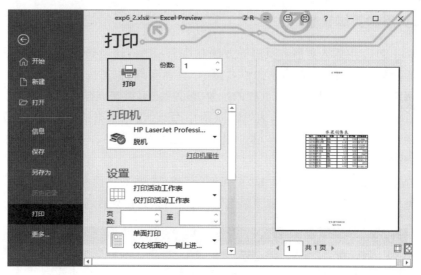

图 6-16　预览"页眉"和"页脚"的设置

④单击按钮 ⊙ 返回，或保存文件后返回。

四、拓展练习

下载提供的 exp6_3.xlsx 文件，完成以下的练习。

（一）工作表的格式化

〖任务〗

在 exp6_3.xlsx 的"格式化"工作表中，对工作表进行格式化设置。完成后的效果图如图 6-17 所示。

（1）在第一行插入标题行，设置字体为华文行楷、字号 25、加粗、跨列居中（A 列到 H 列）、字体颜色为蓝色。

（2）对数据区域（不包括标题行）进行设置：对齐格式为水平与垂直中对齐、字体为楷体、字号为 16；数据区域外框线为双实线、内框为单实线；设置列宽为 15，行高为 20；数据区域的第一行和第一列区域的底纹颜色为绿色，图案对角线条纹，第一行数据加粗。

（3）在 exp6_3.xlsx 的"格式化"工作表中，对工作表进行条件格式设置：将不及格（60 分以下）的学生成绩所在单元格字体设置为红色，填充黄色。

条件格式是 Excel 提供的一个数据管理功能，通过将满足条件的单元格中的数据加以标记以突出显示。

〖操作步骤〗

略。

	A	B	C	D	E	F	G	H
1				学生成绩表				
2	学号	姓名	政治	语文	数学	英语	物理	化学
3	20210001	刘平	89	50	84	85	92	91
4	20210002	王海军	71	88	75	79	94	90
5	20210003	李天远	67	81	95	72	88	86
6	20210004	张晓丽	76	70	84	89	59	87
7	20210005	刘富彪	63	85	82	75	98	93
8	20210006	刘章祥	65	47	95	69	90	89
9	20210007	郭文晴	77	65	78	90	83	83
10	20210008	黄仕玲	74	61	83	81	92	64
11	20210009	刘金华	71	50	55	73	100	84
12	20210010	叶建琴	72	71	81	75	87	88
13	20210011	王小丽	74	78	82	73	91	51
14	20210012	陈昊	65	48	90	79	70	83

图 6-17 工作表格式化后的效果图

(二)分类汇总和图表

〖任务〗

在 exp6_3.xlsx 的"分类汇总和图表"工作表中,完成分类汇总和图表的绘制。完成后的效果图如图 6-18 所示。

(1)请用分类汇总的方法计算出男生和女生的语文、数学和英语平均分各是多少?

(2)绘制簇状柱形图,对男生和女生的语文、数学和英语的平均成绩进行比较。标题为:男生女生各门课程成绩对比。

〖操作步骤〗

略。

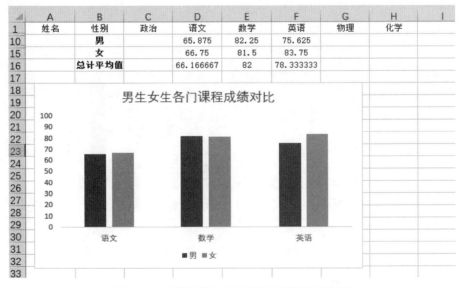

图 6-18 分类汇总和绘制簇状柱形图的效果图

(三)公式

〖任务〗

在 exp6_3.xlsx 的"公式"工作表中,使用公式完成净胜、胜率、平率和负率列的计算。完成后的部分结果如图 6-19 所示。

球队	赛	胜	平	负	进球	失球	净胜	胜率	平率	负率
						2019-2020 英超积分榜				
利物浦	38	32	3	3	85	33	52	84.21%	7.89%	7.89%
曼彻斯特城	38	26	3	9	102	35	67	68.42%	7.89%	23.68%
曼彻斯特联	38	18	12	8	66	36	30	47.37%	31.58%	21.05%
切尔西	38	20	6	12	69	54	15	52.63%	15.79%	31.58%
莱切斯特城	38	18	8	12	67	41	26	47.37%	21.05%	31.58%
托特纳姆热刺	38	16	11	11	61	47	14	42.11%	28.95%	28.95%
狼队	38	15	14	9	51	40	11	39.47%	36.84%	23.68%
阿森纳	38	14	14	10	56	48	8	36.84%	36.84%	26.32%
谢菲尔德联	38	14	12	12	39	39	0	36.84%	31.58%	31.58%
伯恩利	38	15	9	14	43	50	7	39.47%	23.68%	26.84%

图 6-19　公式计算后的部分结果

〖操作步骤〗

略。

(四)复杂图表制作

〖任务〗

在 exp6_3.xlsx 的"复杂图表"工作表中,完成图表的绘制:首先在"复杂图表"工作表中计算增长率列(增长率=(当年销售额-上一年销售额)/上一年销售额),然后绘制销售额和增长率的统计图表,要求销售额在主坐标轴,增长率在次坐标轴。完成后的效果图如图 6-20 所示。

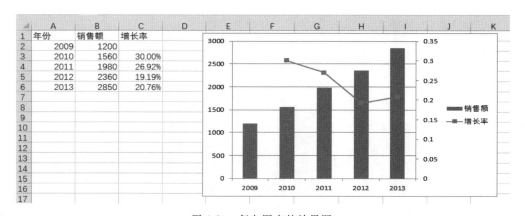

图 6-20　复杂图表的效果图

〖操作步骤〗

①按公式在 C 列计算增长率。

②选择销售额,增长率两列,插入簇状柱形图。

③在图表区域右击,选择"选择数据",在"水平轴标签中"编辑,选择年份列中的数据。如图 6-21 所示。

鼠标右击图表中销售额数据系列(即柱形图),在快捷菜单中选择"更改系列图表类型"。在"更改图表类型"对话框中设置"增长率"的图表类型为"带数据标记的折线图",并勾选"次坐标轴"选项。如图 6-22 所示。

图 6-21　在"选择数据源"对话框中设置年份为水平轴标签

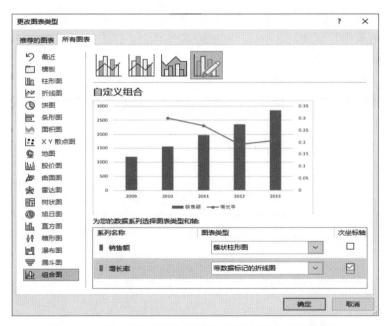

图 6-22　在"选择数据源"对话框中设置年份为水平轴标签

五、讨论与思考

(1)选中某个填有内容的单元格,执行"编辑"|"清除"命令与执行"编辑"|"删除"命令有何区别?

(2)什么是"填充柄"？"填充柄"在数据输入过程中有什么作用？
(3)讨论 Excel 在日常生活中有什么具体应用？

六、课后大作业

基本要求如下。

(一)工作量

制作一个 Excel 工作簿,至少包含 3 张工作表,如格式化的原始数据表、数据统计表、数据图表等。

(二)内容选题

可自由命题,但内容要健康、进步。例如:本人消费情况分析、班级成绩情况分析、股票行情分析等。

(三)基本功能

(1)正确输入各种类型的原始数据(文本、数值、日期等)。
(2)表格的编辑和修饰。
(3)利用公式和函数进行计算。
(4)创建反映分析结果的图表。
(5)删除未使用的"空"工作表单,并将所使用的工作表单命名为具体表格(或图表)标题名称。
(6)完成一定的数据库数据统计分析功能。

实验 7　Excel 2019 高级应用

一、实验目的与实验要求

(1)掌握 Excel 2019 中数据库的高级应用:高级筛选、数据透视表及函数的应用。

(2)掌握 Excel 2019 中的数据安全设置。

(3)掌握"数据有效性"的设置。

(4)掌握多表之间数据引用的操作。

(5)了解窗体控件和 VBA 的简单编程。

二、相关知识

(一)高级筛选

"筛选"可以只显示满足指定条件的数据库记录,不满足条件的数据库记录则暂时隐藏起来。自动筛选的功能比较简单,而 Excel 提供的高级筛选则功能强大。对于复杂的筛选条件,可以使用高级筛选。

使用高级筛选的关键是如何设置用户自定义的复杂组合条件,这些组合条件常常是放在一个称为条件区域的单元格区域中。

(1)筛选的条件区域。条件区域包括两个部分,标题行(也称字段名行)和一行或多行的条件行。条件区域的创建步骤如下:

①先划分出一个空白区域。可以选择数据清单以外的任何空白处,只要空白的空间足以放下所有条件就可以。

②在此空白区域的第一行输入字段名作为条件名行,最好是从字段名行复制过来,以避免输入时因大小写或有多余的空格而造成不一致。

③在字段名的下一行开始输入条件。

(2)筛选的条件。

①简单比较条件。简单条件是指只用一个简单的比较运算(=、>、>=、<、<=、<>)表示的条件。在条件区域字段名正下方的单元格中输入条件。当是等于(=)关系时,等号"="可以省略。对于字符字段,其下面的条件可以使用通配符"﹡"及"?"。字符的大小比较按照字母顺序进行,对于汉字,则以拼音为序。

②组合条件。对于需要使用多重条件在数据库中选取记录的,就必须把条件组合起

来。基本的形式有两种：

在同一行内的条件表示 AND（"与"）关系。例如：要筛选出所有为男性且录取成绩大于等于 600 的学生，条件表示为：

性别	录取成绩
男	＞＝600

在不同行内的条件表示 OR（"或"）的关系。例如：要筛选出满足条件或为男性或为录取成绩大于等于 600 的学生。这时一个组合条件在条件区域中表示为：

性别	录取成绩
男	
	＞＝600

（3）高级筛选操作。高级筛选的操作步骤如下：

①按照前面所讲的方法建立条件区域。

②在数据清单区域内选定任意一个单元格。

③选择"数据"菜单选项卡，单击"高级筛选"按钮，弹出"高级筛选"对话框。

④"数据区域"是自动获取的。如果对默认值不满意，可以重新输入，也可以单击文本框右端的"拾取"按钮 ↥ ，在数据清单中选择所需的区域。选择好数据区域后，再通过单击拾取框中的按钮返回高级筛选对话框。用同样方法，选择"条件区域"。

⑤在"高级筛选"对话框中选中"在原有区域显示筛选结果"选项。

⑥单击"确定"按钮，则可筛选出符合条件的记录，不符合筛选条件的记录即被隐藏起来。

如果要想把筛选出的结果复制到一个新的位置，则可以在"高级筛选"对话框中选定"将筛选结果复制到其他位置"选项，并且还要在"复制到"区域中输入要复制到的目的区域的首单元格地址。

注意：以首单元格地址为左上角的区域必须有足够多的空位存放筛选结果，否则将覆盖该区域的原有数据。

要恢复原始记录，选择"数据"菜单选项卡，单击"筛选"按钮，则可恢复显示数据库中所有的记录。

（二）数据透视表/图

在 Excel 中，有多种方法可以从工作表中提取有用的数据。利用"排序"可以重新整理数据；利用"筛选"可以将一些特殊的数据提取出来；利用"分类汇总"可以统计数据。除此之外，"Excel"还提供了数据透视表/图的功能，可以将"排序"、"筛选"和"分类汇总"三项操作结合在一起，让用户非常简单而且迅速地重新组织和统计数据。在数据透视表/图中，建立了行列交叉列表，并可以通过行列转换以查看数据源的不同统计结果。

(三)函数的使用

Excel 的函数分为财务函数、日期和时间函数、数学与三角函数、统计函数、查找与引用函数、数据库函数、文本函数、逻辑函数、信息函数、工程函数以及用户自定义函数。有关 Excel 函数的详细介绍,读者可查阅 Excel 的在线帮助功能。在本实验中我们会在实际例子中具体应用到几个函数,下面首先以几个常用函数来说明各类别函数的功能和使用方法:

(1)ABS 函数

类别:数学与三角函数。

主要功能:求出相应数值的绝对值。

使用格式:ABS(number)

参数说明:number 代表需要求绝对值的数值或引用的单元格。

举例:若 A1 单元格中数据为:-35.12,在 B1 单元格中输入公式:$=$ABS(A1),按回车后,B1 中显示:35.12。

提示:如果 number 参数不是数值,而是一些字符(如 A 等),则函数返回错误值"♯VALUE!"。

(2)COUNTIF 函数

类别:统计函数。

主要功能:统计某个单元格区域中符合指定条件的单元格数目。

使用格式:COUNTIF(Range,Criteria)

参数说明:Range 代表要统计的单元格区域;Criteria 表示指定的条件表达式。

举例:在"学生成绩"工作表中的 G13 单元格中输入公式:$=$COUNTIF(G2:G10,">=300"),确认后,即可统计出总分高于 300 的学生人数:3。

提示:允许引用的单元格区域中有空白单元格出现。

(3)RANK、RANK.EQ 和 RANK.AVG 函数

类别:统计函数。

主要功能:排名排序。在 Excel 2019 中,有 RANK、RANK.EQ 和 RANK.AVG 三个排名函数,其语法规则相同,都可以返回一个数字在数据列表中的排位。三个函数的区别主要是当一个值出现多次时的返回值不同。RANK 函数是为了保持与早期 Excel 版本的兼容性,其功能与 RANK.EQ 相同,如果一个值出现多次,RANK 函数和 RANK.EQ 函数返回该数值在数据列表中的最高排位。如果一个值出现多次,RANK.AVG 函数返回该数值在数据列表中的平均排位。

使用格式:RANK(number,ref,[order])

　　　　　RANK.EQ(number,ref,[order])

　　　　　RANK.AVG(number,ref,[order])

参数说明:number 为需要找到排位的数字,ref 为引用的单元格,order 为排位方式,如果 order 为 0 或省略,则按降序排列,如果 order 不为 0,则按升序排列。RANK 对重复

数的排位相同,但重复数的排位会影响后续数值的排位。如在升序排列的整数中,如果整数 6 出现两次,其排位为 3,则数据中如果出现整数 7,其排位为 5,这时没有排位 4。

举例:如图 7-1 所示,分别用 RANK、RANK.EQ 和 RANK.AVG 三个排名函数对学生的总分成绩排名。操作步骤如下:选择 H2:H10 单元格,输入公式:＝RANK(G2,＄G＄2:＄G＄10),按"Ctrl＋Enter"组合键结束。选择 I2:I10 单元格,输入公式:＝RANK.EQ(G2,＄G＄2:＄G＄10),按"Ctrl＋Enter"组合键结束。选择 J2:J10 单元格,输入公式:＝RANK.AVG(G2,＄G＄2:＄G＄10),按"Ctrl＋Enter"组合键结束。

	A	B	C	D	E	F	G	H	I	J
1	姓名	性别	语文	数学	英语	计算机	总分	排名RANK	排名RANK.EQ	排名RANK.AVG
2	沈费奕	男	55	67	88	76	286	4	4	4
3	蔡晓辉	男	80	62	75	59	276	5	5	5.5
4	朱勇刚	男	78	73	60	65	276	5	5	5.5
5	李浩泉	男	67	74	56	63	260	7	7	7.5
6	朱张旭	男	44	77	62	77	260	7	7	7.5
7	梁影	女	78	88	83	79	328	1	1	1
8	毛贝娜	女	88	78	76	75	317	2	2	2
9	林杰	女	80	76	86	70	312	3	3	3
10	夏红霞	女	67	44	67	58	236	9	9	9

图 7-1 RANK、RANK.EQ 和 RANK.AVG 三个排名函数对学生的总分成绩排名

(4)COLUMN 函数

类别:查找与引用函数。

主要功能:显示所引用单元格的列标号值。

使用格式:COLUMN(ref)

参数说明:ref 为引用的单元格。

举例:如果在 C11 单元格中输入公式:＝COLUMN(B11),确认后显示为 2(即 B 列的列标值)。

提示:如果在 B11 单元格中输入公式:＝COLUMN(),也显示出 2;与之相对应的还有一个返回行标号值的函数——ROW(reference)。

(5)VLOOKUP 函数

类别:查找与引用函数。

主要功能:用于首列查找并返回指定列的值。字母"V"表示垂直方向,即按列方向查找。

使用格式:VLOOKUP (lookup_value, table_array, col_index_num,[range_lookup])

参数说明:lookup_value 为待搜索的值,table_array 为首列可能包含查找值的单元格区域或数组,col_index_num 为需要从 table_array 中返回的匹配值的列号(在 table_array 中首列为第 1 列,此列右边依次为第 2 列、第 3 列⋯⋯),最后一个参数 range_lookup 用于指定精确匹配或近似匹配模式。当 range_lookup 为 TRUE、被省略或使用非 0 数值时,表示近似匹配模式,要求 table_array 中数据必须第一列升序排列,并返回小于等于

lookup_value 的最大值对应的列的数据。当 range_lookup 为 FALSE 时(可以用数字 0 或保留参数前的逗号代替),表示只查找精确匹配值,返回 table_array 的第 1 列中第一个找到的值,精确匹配模式不必对 table_array 中数据按第 1 列中的值排序。

举例:如图 7-2 所示,A3:B7 单元格给出学生成绩等级定义表,即 0～59 为不及格,60～69 为及格,70～79 为中等,80～89 为良好,90～100 为优秀。D3:F11 单元格给出了 9 名学生的学号、姓名和语文成绩。在 G3:G11 单元格中采用 VLOOKUP 函数计算学生语文成绩的等级。

提示:如果使用精确匹配模式且第 1 个参数 lookup_value 为文本类型,则可以在第 1 个参数中使用通配符“?”和“*”。VLOOKUP 函数不区分字母大小写。

类似地,还有 HLOOKUP 函数,字母“H”表示水平方向,即在首行搜索待查找的值。

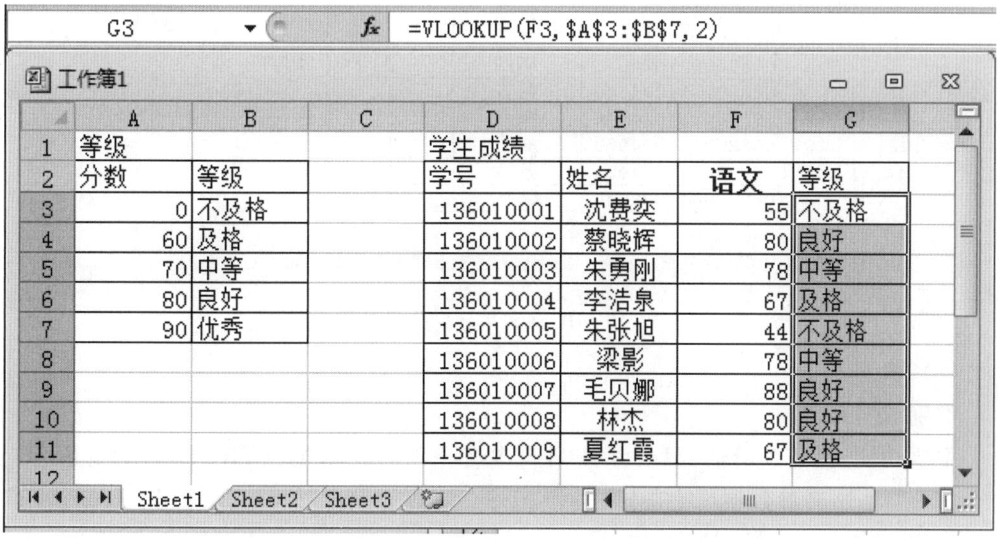

	A	B	C	D	E	F	G
1	等级			学生成绩			
2	分数	等级		学号	姓名	语文	等级
3	0	不及格		136010001	沈费奕	55	不及格
4	60	及格		136010002	蔡晓辉	80	良好
5	70	中等		136010003	朱勇刚	78	中等
6	80	良好		136010004	李浩泉	67	及格
7	90	优秀		136010005	朱张旭	44	不及格
8				136010006	梁影	78	中等
9				136010007	毛贝娜	88	良好
10				136010008	林杰	80	良好
11				136010009	夏红霞	67	及格

图 7-2　用 VLOOKUP 函数填充学生成绩的等级

(6)CONCATENATE 函数

类别:文本函数。

主要功能:将多个文本字符串连接在一起。

使用格式:CONCATENATE(Text1,Text……)

参数说明:Text1、Text2……为需要连接的字符文本或引用的单元格。

举例:如果 A1 单元格中数据为:xuyan,在 B1 单元格中输入公式:=CONCATENATE(A1,"@","nbu. edu. cn"),确认后 B1 中显示数据:xuyan@nbu. edu. cn。

提示:如果引用的单元格不是文本格式的,则自动转换为文本格式的字符串。

(7)MID 函数

类别:文本函数。

主要功能:从指定位置截取指定长度的字符。

使用格式:MID(text, start_num, num_chars)

参数说明:text 为包含要提取字符的文本字符串,start_num 为文本中要提取的第一个字符的位置,num_chars 为要提取的字符个数。

举例:如图 7-3 所示,A2:B10 单元格给出学生准考证号和姓名。准考证号的第 8 位数字数字对应学生考试的级别,例如,如果第 8 位数字为 1,则级别为 1。在 C2:C10 单元格中采用 MID 函数提取准考证号的第 8 位填充考试级别。

提示:MID 函数不区分单字节字符和双字节字符,即汉字也按一个字符计算字符个数。

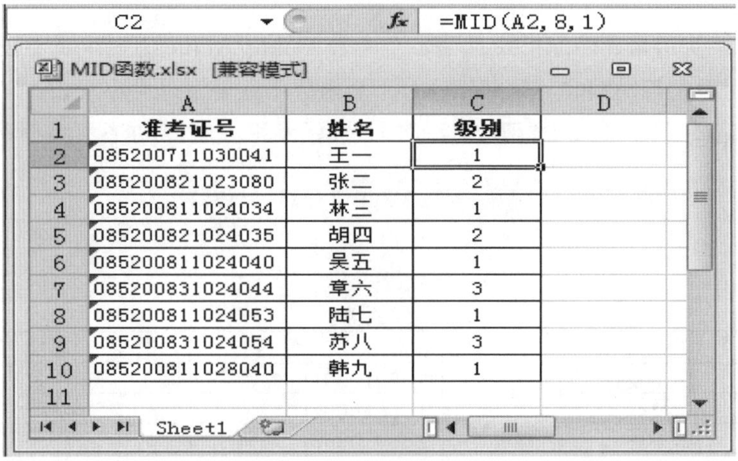

	A	B	C	D
1	准考证号	姓名	级别	
2	085200711030041	王一	1	
3	085200821023080	张二	2	
4	085200811024034	林三	1	
5	085200821024035	胡四	2	
6	085200811024040	吴五	1	
7	085200831024044	章六	3	
8	085200811024053	陆七	1	
9	085200831024054	苏八	3	
10	085200811028040	韩九	1	
11				

图 7-3　用 MID 函数填充学生考试的级别

(8)OR 函数

类别:逻辑函数。

主要功能:返回逻辑值:只要参数列表中有一项为逻辑"真(TRUE)",则返回值"真(TRUE)";当所有参数项均为逻辑"假(FALSE)",则返回值"假(FALSE)"。

使用格式:OR(logical1,logical2, ...)

参数说明:Logical1,Logical2,Logical3……:表示待测试的条件值或表达式,最多达 30 个。

举例:在"学生成绩"工作表的 J2 单元格中输入公式:=OR(C2<60,D2<60,E2<60,F2<60),确认后 J2 中返回 TRUE,说明该学生至少有一门课的成绩低于 60 分。

提示:如果指定的逻辑条件参数中包含非逻辑值时,则函数返回错误值"#VALUE!"或"#NAME"。类似的函数有"AND(logical1,logical2, ...)"。

(9)YEAR

类别:日期和时间函数。

主要功能:返回某日期的年份。其结果为 1900 到 9999 之间的一个整数。

使用格式:YEAR(serial_number)

参数说明:Serial_number 是一个日期值。

举例:在单元格中输入公式:=YEAR("2019/7/6")的返回值为 2019。而公式:=YEAR(TODAY())的返回值为当前系统日期的年份,其中 TODAY()函数返回系统的当前日期。类似的函数有"MONTH(serial_number)"、"HOUR(serial_number)"、

"MINUTE(serial_number)"等。

（10）DCOUNT

类别：数据库函数。

主要功能：返回数据库或数据清单的指定字段中，满足给定条件并且包含数字的单元格数目。

使用格式：DCOUNT(database,field,criteria)

参数说明：Database 构成列表或数据库的单元格区域。Field 指定函数所使用的数据列。Criteria 为一组包含给定条件的单元格区域。

举例：在"学生成绩"工作表中，求语文成绩在 70～80 之间的人数。在单元格"A18"中输入公式：＝DCOUNT(A6:G15,"语文",A1:H2)。数据、条件区域及结果如图 7-4 所示。

	A18			f_x	=DCOUNT(A6:G15,"语文",A1:H2)		
	A	B	C	D	E	F	G	H
1	姓名	性别	语文	数学	英语	计算机	总分	语文
2			>70					<80
3								
4								
5								
6	姓名	性别	语文	数学	英语	计算机	总分	
7	沈费奕	男	55	67	88	76	286	
8	蔡晓辉	男	80	62	75	59	276	
9	朱勇刚	男	78	73	60	65	276	
10	李浩泉	男	67	74	56	63	260	
11	朱张旭	男	44	77	62	77	260	
12	梁影	女	78	88	83	79	328	
13	毛贝娜	女	88	78	76	75	317	
14	林杰	女	80	76	86	70	312	
15	夏红霞	女	67	44	67	58	236	
16								
17								
18		2						

图 7-4　"DCOUNT"的数据及条件区域

（11）ISNA

类别：信息函数。

主要功能：用于测试数值类型，如果测试值为错误值"♯N/A"，则返回 TRUE，否则返回 FALSE。

使用格式：ISNA(value)

参数说明：参数 Value 为测试值，可以为引用单元格、公式或数值的名称等。

举例：在单元格 B1 中输入公式：ISNA(A1)，如果 A1 的数值为"♯N/A"，则返回 TRUE，否则返回 FALSE。

（12）FV

类别：财务函数。

主要功能:FV 函数基于固定利率及等额分期付款方式,返回某项投资的未来值。

使用格式:FV(rate,nper,pmt,pv,type)

参数说明:rate 为各期利率,是固定值,nper 为投资(或贷款)的期数,pmt 为各期所应付给(或得到)的金额,其值在整个年金期间(或投资期内)保持不变。pv 为从投资开始计算时已经入账的款项;或一系列未来付款当前值的累计和,忽略时为 0。Type 为数字 0 或 1,用以指定各期的付款时间是期初还是期末,1 为期初,0 或省略时为期末。

举例:如图 7-5 所示,每月存 2000 元,如果按年利率 2.25%,按月计算利息(即月利率为 2.25%/12),计算 2 年后账户中的存款总额。在 B7 单元格中输入公式:＝FV(B3/12,12 * B5,B4,B2,B6),则 B7 返回值为:￥49,141.34。

B7		f_x	=FV(B3/12,12*B5,B4,B2,B6)	
	A	B	C	D	E
1	投资情况表1				
2	先投资金额:	0			
3	年利率:	2.25%			
4	每月再投资金额:	−2000			
5	再投资年限:	2			
6	各期的支付时间在期初:	1			
7	2年以后得到的金额:	￥49,141.34			

图 7-5　财务函数"FV"计算投资的未来值

提示:①计算结果中不包括税款。②在所有参数中,支出的款项,如银行存款为负数,收入的款项为正数。③应确认所指定的 rate 和 nper 单位一致。例如,10 年期年利率为 6%,如果按月支付,rate 应为 6%/12,nper 应为 10 * 12;如果按年支付,rate 应为 6%,nper 应为 10。

(13)GESTEP

类别:工程函数。

主要功能:测试数值是否比阈值大。如果测试值比阈值大,则返回 1,否则为 0。

使用格式:GESTEP(number,step)

参数说明:参数 Number 指定测试值。参数 Step 指定阈值。

举例:在"学生成绩"工作表中,在"H2"单元格中输入公式:＝GESTEP(G2,300),即可对总分超出 300 分的学生做出标记。

(四)数据保护

为了数据的安全,有时希望 Excel 工作表中的数据不被未授权的用户浏览或者随意修改。可以通过隐藏单元格、隐藏工作表,以及对工作表或工作簿进行读写保护,以提高 Excel 数据的安全性。具体方法有:

(1)保护工作表

对单元格进行保护,主要是锁定单元格和隐藏公式,但这必须是在工作表被保护情况下才有效。保护工作表的具体操作步骤为：

①在"审阅"菜单选项卡中，单击"允许用户编辑区域"，在弹出的"允许用户编辑区域"对话框中单击"新建"按钮，选择不需要锁定的单元格区域，并为该区域设置"区域密码"。

②选择需要隐藏公式的单元格区域，单击鼠标右键，在快捷菜单中选择"设置单元格格式…"命令，在弹出的"自定义序列"对话框中选择"保护"选项卡，勾选"锁定"和"隐藏"。

③单击"保护工作表"按钮，在"保护工作表"对话框中设置"取消工作表保护时使用的密码"。

设置后的 Excel 单元格就被写保护了。当单击被"锁定"的单元格时，用户不能修改。被"隐藏"的单元格，则看不到单元格的公式，而被清除"锁定"和"隐藏"的单元格则可以正常修改。

在"审阅"菜单选项卡中，单击"撤销工作表保护"，输入设置的密码，则可以取消对工作表的保护。

（2）隐藏工作表

隐藏一张工作表，就是使用户看不到该工作表。选择菜单"格式"|"工作表"|"隐藏"，则从视图上一张工作表被隐藏起来。选择菜单"格式"|"工作表"|"取消隐藏"，在"取消隐藏"对话框中，选择要取消隐藏的工作表，则被隐藏的工作表又显示出来。

（3）保护工作簿

在"审阅"菜单选项卡中，在"保护工作簿"的下拉列表中，选择"保护结构和窗口"，在弹出的对话框中进行设置。

设置对工作簿的结构保护后，就无法进行工作表的移动、复制、删除、重命名以及新增工作表等操作了。

在"审阅"菜单选项卡中，再次选择"保护工作簿"的下拉列表的"保护结构和窗口"命令，输入密码，可以取消对工作簿的保护。

（五）VBA 基础

VBA（Visual Basic for Application）是一种以 VB 语言为基础的程序设计语言。以 VBA 开发的应用程序，只能够在 Microsoft Office（如 Excel，Word）中运行。VBA 不仅简单易学，而且功能强大，可以实现重复性、通用性、交互式的功能开发。

（1）进入 Visual Basic 编辑器

Visal Basic 编辑器是 VBA 的开发环境。可以用下列方法进入 Visal Basic 编辑器：

①单击"文件"|"更多"|"选项"按钮。

②在打开的"Excel 选项"对话框中选择"自定义功能区"选项卡，选中"主选项卡"列表中的"开发工具"复选框，如图 7-6 所示。

③单击"确定"按钮。这时在 Excel 菜单中增加"开发工具"菜单选项卡。

在"开发工具"菜单中单击"Visal Basic"按钮，进入 Visal Basic 编辑器。

图 7-6 在"Excel 选项"对话框中选中"开发工具"

（2）面向对象的程序设计

与 VB 相同，VBA 也是一种面向对象的程序开发语言。在 Excel 中，对象可以是工作簿、工作表、单元格区域或外部文件。VBA 对象模型把后台复杂的代码和操作封装在易于使用的对象、方法、属性和事件中。

①属性。属性是描述对象的某个特征的变量，通过点标记来引用。例如

Sheet2. Name＝"表 1"　　　　　'设置工作表 Sheet2 的名称属性

②方法。方法是对象所具有的行为。与属性相同，也采用点标记来引用，例如

Range("a1:a10"). Clear　　　　'对象为 a1:a10 区域，执行的行为为 clear

③事件。VBA 是事件驱动的程序设计模型。事件是对象"意识到"的发生的操作。例如

Sub 按钮 2_单击（）

　　Range("a1:a10"). Clear

End Sub

按钮的单击事件发生时，则执行清除区域 a1:a10 的内容的命令。

（六）宏

将一些需要反复操作的命令录制成"宏"，并在需要的时候调用"宏"，则可以大大简化数据的管理工作。简单地说，"宏"就是 Excel 工作簿中的一段 VBA 代码段，是一组指令的集合。每个"宏"都有自己的名字，存储于 Visual Basic 模块中。

（1）录制"宏"

在录制"宏"的过程中，Excel 将记录下用户执行的所有操作步骤，并转换为 VBA

代码。

（2）运行"宏"

在"宏"对话框中,选择需要运行的"宏"。例如,如果需要单击一个按钮时运行一个事先录制好的"宏",则可以为该按钮执行"指定宏"命令。具体操作见下面的实验"VBA 编程"。

（3）"宏"安全性

通常通过设置宏安全级别,防止运行不安全的宏。在"开发工具"菜单选项卡中,单击"宏安全性"按钮,打开"信任中心"对话框,设置安全级别,如图 7-7 所示。

图 7-7　在"信任中心"对话框中设置"宏"安全性

（4）启用"宏"

如果在一个 Excel 文档中录制了"宏",则需要以下操作,才能启用"宏"。

①打开"信任中心"对话框,选中"宏设置"选项卡,选中"启用所有宏",选中"开发人员宏设置"选项。

②将文件保存为"Excel 启用宏的工作簿（＊.xlsm）"类型,扩展名是.xlsm。

三、实验内容与操作步骤

(一)数据清单的高级应用

（1）新建工作簿"exp7_1.xlsx",在 Sheet1 中输入数据如图 7-8 所示。

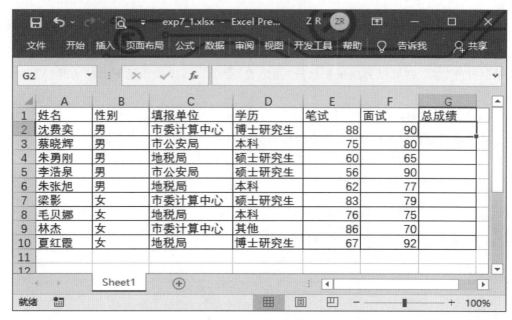

图 7-8 "exp7_1.xlsx"工作簿的输入数据

(2)在"Sheet1"中计算"总成绩":笔试成绩占 60％,面试成绩占 40％。

〖操作步骤〗

略。

(3)插入新工作表"Sheet2"和"Sheet3"。将"Sheet1"工作表中数据复制到"Sheet2",并对"Sheet2"进行高级筛选,筛选条件为:"填报单位"为"市委计算中心","性别"为"女","学历"为"硕士研究生"或者"性别"为"男"、"学历"为"博士研究生"。将筛选结果保存在"Sheet3"中。

高级筛选

〖操作步骤〗

①在"Sheet2"的 I3:K5 区域建立条件区域,如图 7-9 所示。

	A	B	C	D	E	F	G	H	I	J	K	L
1	姓名	性别	填报单位	学历	笔试	面试	总成绩					
2	沈费奕	男	市委计算中心	博士研究生	88	90	88.8					
3	蔡晓辉	男	市公安局	本科	75	80	77		填报单位	性别	学历	
4	朱勇刚	男	地税局	硕士研究生	60	65	62		市委计算中心	女	硕士研究生	
5	李浩泉	男	市公安局	硕士研究生	56	90	69.6			男	博士研究生	
6	朱张旭	男	地税局	本科	62	77	68					
7	梁影	女	市委计算中心	硕士研究生	83	79	81.4					
8	毛贝娜	女	地税局	本科	76	75	75.6					
9	林杰	女	市委计算中心	其他	86	70	79.6					
10	夏红霞	女	地税局	博士研究生	67	92	77					
11												
12												

图 7-9 在 Sheet2 中创建"高级筛选"的条件区域

②定位活动单元格在数据区域(即在 A1:G10 区域中单击任意单元格),选择"数据"菜单选项卡,单击"排序与筛选"组中的"高级"按钮,在"高级筛选"对话框中,列表区域自动设置为整个数据区域,如图 7-10 所示。

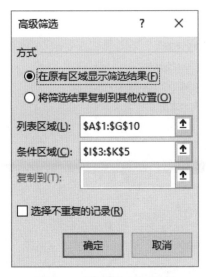

图 7-10　"高级筛选"对话框

③设置条件区域:在"高级筛选"对话框中,将光标定位在"条件区域"编辑框中,在 Sheet2 中选中 I3:K5 区域,如图 7-10 所示。

④在"高级筛选"对话框中,选中"在原有区域显示筛选结果",单击"确定"按钮。筛选结果如图 7-11 所示。

	A	B	C	D	E	F	G	H
1	姓名	性别	填报单位	学历	笔试	面试	总成绩	
2	沈费奕	男	市委计算中心	博士研究生	88	90	88.8	
7	梁影	女	市委计算中心	硕士研究生	83	79	81.4	
11								
12								
13								

图 7-11　"高级筛选"的结果

⑤将筛选结果复制—粘贴到"Sheet3"中,返回"Sheet2",单击"数据"|"清除"按钮,以恢复显示"Sheet2"的所有数据。

(4)使用数据透视表。根据"Sheet2"中数据,在新工作表中创建一数据透视表,要求:显示每个报考单位的人的不同学历的总人数;行区域设置为"报考单位";列区域设置为"学历";数据区域设置为"学历";计数项为学历。

〔操作步骤〕

①在"Sheet2"工作表中,定位活动单元格在数据区域。选择"插入"菜单选项卡,在"表格"组的"数据透视表"列表中选择"数据透视表"命令,出现"创建数据透视表"对话框,如图 7-12 所示。

②在"创建数据透视表"对话框中选择"新工作表"选项,单击"确定"按钮。工作簿中插入一张新的工作表"Sheet4",如图 7-13 所示。

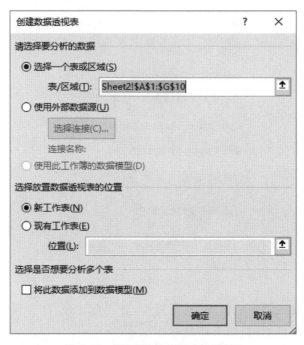

图 7-12 "创建数据透视表"对话框

图 7-13 待编辑的数据透视表

③在"数据透视表字段列表"对话框中,拖动"填报单位"到"行标签",拖动"学历"到"列标签",拖动"学历"到"∑值",得到结果如图 7-14 所示。

图 7-14　数据透视表效果图

(二)函数的应用

(1)在工作簿"exp7_1.xlsx"的"Sheet1"工作表中,加入"排名"列,利用 RANK 或 RANK.EQ 函数,根据"总成绩"对所有考生排名。提示:相关函数的说明参见"二、相关知识"中"3.函数的使用"。

RANK 函数

【操作步骤】

①在 H1 单元格加入"排名"列。单击单元格"H2",单击"插入函数"按钮。在弹出"粘贴函数"对话框中,选择"统计"函数类别,在"函数名"列表中选择"RANK"或 RANK.EQ,弹出"函数参数"对话框。

②在"函数参数"对话框需要设置 3 个参数:首先将光标定位到"Number"编辑栏(指定排名的数字)中,再用鼠标单击"G2"单元格,这是"Number"参数值为"G2"。

③将光标定位到"Ref"(排名的表区域)中,用鼠标选择区域"G2:G10",这时"Ref"参数值为"G2:G10"。注意由于参与排名的区域在后面的填充柄填充时要保持不变,所以必须使用绝对地址的引用方式。将光标定位到"G2",按"F4"功能键,"G2"变为"＄G＄2",同样方法使"G10"变为"＄G＄10",这时"Ref"参数值为"＄G＄2:＄G＄10",采用了绝对地址引用方式。

④"Order"(升序还是降序排列,非 0 表示升序,0 或不填表示降序),这里可以不填。

⑤使用"填充柄",将"H2"内容复制到"H3:H10"。排名结果参见图 7-15。

请查看 H2 单元格中的公式,抄写在下面,并加以理解:

_____

(2)在工作簿"exp7_1.xls"的"Sheet1"工作表中,加入"学位"列。使用 IF 函数,对 Sheet1 中的"学位"列进行自动填充。要求:填充的内容根据"学历"列的内容来确定(假定学生均已获得相应学位)则:

IF 函数

—博士研究生—博士

—硕士研究生—硕士

—本科—学士

—其他—无

〖操作步骤〗

①在"学历"列后加入"学位"列(列标为 E)。选择单元格 E2:E10,插入"IF"函数,打开"IF""函数参数"对话框。

②"IF"需要设置 3 个参数:在"Logical_test"中输入条件:D2＝"博士研究生";在"Value_if_true"中输入返回值:"博士";在"Value_if_false"中输入:IF(D2＝"硕士研究生","硕士",IF(D2＝"本科","学士","无"))。

③按"Ctrl＋Enter"组合键,E2:E10 单元格中自动填充好数据。填充结果参见图7-15。

请查看 E2 单元格中的公式,抄写在下面,并加以理解:

_____。

图 7-15 "学生成绩"表的学位和排名结果

(三)数组公式

在输入常规公式时,以"Enter"键或"Ctrl＋Enter"结束;而对于数组公式,需要按"Ctrl＋Shift＋Enter"组合键确认输入。Excel 2019 会自动在数组公式两边添加大括号{}。

注意:Excel 不认可手工输入的大括号来标记的数组公式。

(1)在工作簿"exp7_1.xls"中,插入新工作表"Sheet5",将"Sheet1"工作表中 A1:G10

数据复制到"Sheet5"中,在 H 列加入"总成绩(数组公式)"列,使用数组公式计算"总成绩"。

〖操作步骤〗

在"Sheet5"中,选中需要输入数组公式的单元格区域,即 H2:H10。在编辑栏输入公式"=F2:F10＊0.6＋G2:G10＊0.4",按"Ctrl＋Shift＋Enter"组合键确认输入,操作完毕。

可以看到,H2:H10 的 9 个单元格中同时分别返回了计算的结果。查看 H2 到 H10 各单元格,显示相同的公式内容,即"{==F2:F10＊0.6＋G2:G10＊0.4 }"。

请体会数组公式与常规公式的不同。

(四)函数的高级应用

(1)新建工作簿"exp7_2.xlsx",创建三张工作表:"采购表"、"单价表"和"统计表",并分别输入数据如图 7-16 所示。

〖操作步骤〗

略。

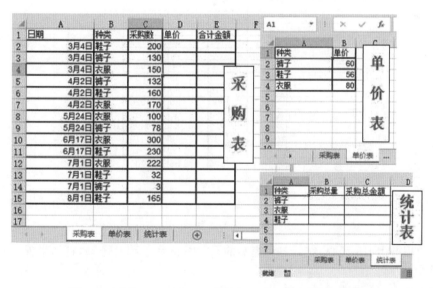

图 7-16 在"exp7_2.xlsx"工作簿的三张工作表中输入数据

(2)使用 VLOOKUP 函数,对"采购表"中的商品"单价"进行自动填充。要求:根据"价格表"中的商品单价,利用 VLOOKUP 函数,将其单价自动填充到采购表中的"单价"列中。

〖操作步骤〗

①在"采购表"中,选择区域"D2:D15",打开"VLOOKUP"的"函数参数"对话框。

②在"Lookup_value"(搜索条件)中,输入"B2",表示搜索值在"采购表"中"B2"列;在"Table_array"(被搜索的表区域)中,输入"单价表!＄A＄2:＄B＄4",注意绝对地址的引用方式;在"Col_index_num"(返回值的列号),输入"2",这是因为返回值在"单价表"中是第 2 列(B 列);在"Range_lookup"中输入 FALSE。

VLOOKUP
函数

③按"Ctrl＋Enter"组合键结束。计算结果参见图 7-17。

请查看 D2 单元格中的公式,抄写在下面,并加以理解:

_____。

(3)利用 IF 函数,计算"采购表"中的"合计金额"。要求:根据"采购数量"、"单价",计算采购的"合计金额"。计算公式:如果采购数量超过 150,折扣率为 0.2,单价 ＊ 采购数 ＊ (1－折扣率),否则为,单价 ＊ 采购数。

〖操作步骤〗

略。

计算结果参见图 7-17。

图 7-17　"采购表"的计算结果

SUMIF
函数

(4)使用 SUMIF 函数,统计各种商品的采购总量和采购总金额,将结果保存在"统计表"当中。

〖操作步骤〗

①在"统计表"中,选择区域"B2:B4",打开"SUMIF""函数参数"对话框。

②在"Range"中,输入"采购表!＄B＄2:＄B＄15",表示要进行计算的列"采购表"中"B2"列,注意使用的是绝对地址;在"Criteria"中,输入"A2",表示匹配的条件;在"Sum_range"中,输入"采购表!＄C＄2:＄C＄15",表示用于求和的单元格。

③按"Ctrl＋Enter"组合键结束。计算结果参见图 7-18。

请查看 B2 单元格中的公式,抄写在下面,并加以理解:

_____。

类似地,计算"统计表"中的采购总金额。计算结果参看图 7-18。C2 单元格中的公式为:_____。

图 7-18　"统计表"的计算结果

(五)"数据有效性"设置

如果输入的数据具有一定的规律,比如学生的评定成绩都在 0 至 100 之间,就可以设置"数据验证",从而在输入"非法"的超范围数据时能够给出提示。而当数据量较大时,总是要尽可能地减少数据的输入量,并保证输入数据的有效性,以方便数据的编辑和管理,在 Excel 中也可以利用"数据验证"功能达到此目的。

(1)新建一个工作簿"exp7_3. xlsx"。在"Sheet1"的 A1 单元格中设置为只能输入 5 位数字或文本,当输入位数错误时,提示错误原因,样式为"警告",错误信息为"只能输入 5 位数字或文本"。

〖操作步骤〗

①选中"Sheet1"的 A1 单元格,选择"数据"菜单选项卡,在"数据工具"组中,选择"数据验证"下拉列表中的"数据验证…"命令,打开"数据验证"对话框。

②在"设置"选项卡中,在"允许"项中选择"文本长度","数据"项选择"小于或等于","最大值"项输入"5"。

③在"出错警告"选项卡中,勾选"输入无效数据时显示出错警告",在"样式"的下拉列表中选择"警告",在"错误信息"中输入"只能输入 5 位数字或文本"。

④单击"确定"按钮。在该单元格输入数据测试,如"—55555"。

(2)在"Sheet1"的 B1 单元格中设置"数据有效性"为只能输入 0 至 10 之间的整数。样式为"警告",错误信息为"只能输入 0—10 之间的整数"。

〖操作步骤〗

打开"数据验证"对话框,"设置"选项卡的设置如图 7-19 所示,在"出错警告"选项卡中设置"错误信息"为"只能输入 0—10 之间的整数"。

图 7-19　设置"数据验证"为只能输入 0—10 之间的整数

(3)在工作簿"exp7_3.xlsx"中新建工作表"职工表",输入如图 7-20 所示数据。

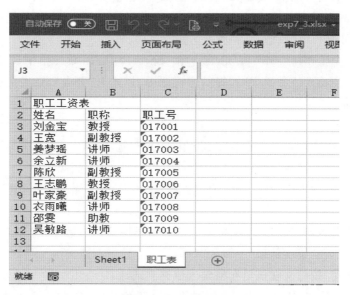

图 7-20　"职工表"数据

多表链接

(4)在"职工表"中,选择 D2 单元格,输入"性别",并设置相应列的"数据验证",使之输入时,通过列表选择"男"或"女"。

【操作步骤】

选择"D3:D12"单元格区域,打开"数据验证"对话框,在"设置"选项卡中,"允许"项中选择"序列";在"来源"中,输入项目"男,女"即可,但注意分隔符是西文输入状态下的逗号,如图 7-21 所示。按"Ctrl+Enter"组合键结束,返回工作表。

在 D3:D12 区域输入数据时,会出现列表框,从中选择数据输入。如图 7-22 所示。

(5)多表之间的数据引用:在工作簿"exp7_3.xlsx"中新建工作表"多表链接"。在工作表"多表链接"中输入姓名后,"职称"和"职称号"列的数据可以自动加入,则大大提高了数据的输入效率,也避免了手工输入容易出错的问题。

图 7-21　设置"数据验证"为从列表中选择输入"男"或"女"

图 7-22　设置"性别"列"数据验证"后的应用效果

【操作步骤】

①首先在"职工表"中,对职工数据按"姓名"升序排序。

②在新建的"多表链接"工作表中,在单元格 A1 中输入"姓名",B1 中输入"职称",C1 中输入"职工号"。

③在"多表链接"工作表中,选中区域 A2:A15,打开"数据验证"对话框。选择"设置"选项卡,在"允许"下拉列表中选择"序列"选项;在"来源"中,单击"拾取"按钮选中"职工表"中区域 A3:A12,勾选"忽略空值"和"提供下拉箭头",如图 7-23 所示。按"Ctrl＋Enter"组合键结束,返回工作表。

图 7-23　"姓名"的"数据验证"设置

④单击单元格"A2",出现列表框,效果如图 7-24 所示。

图 7-24　设置"姓名"列"数据有效性"后的应用效果

⑤选择"B2:B15",单击"插入函数"按钮。在弹出"粘贴函数"对话框中,选择"查找与引用"函数类别,在"函数名"列表中选择"VLOOKUP",弹出"VLOOKUP"的"函数参数"对话框。

注意:本例采用"VLOOKUP"的模糊匹配模式,该模式只能在排序(升序)的工作表中使用,所以在前面对"职工"表姓名的排序是必要的。

⑥将光标定位在"Lookup_value"编辑栏中,单击"A2"单元格,输入"A2";将光标定位

在"Table_array"（被搜索的表区域）编辑栏中，单击"拾取"按钮，进入"职工表"中，选取
A3:B12 区域，这时编辑栏中为"职工表!A3:B12"，再通过"F4"功能键设置绝对地址的引
用方式，即将该参数值设置为"职工表! $A$3: $B$12"；在"Col_index_num"（返回值的
列号），输入"2"，这是因为返回的"职称"列引用区域中是第 2 列；"Range_lookup"输入框
可缺省，不输入，如图 7-25 所示。

图 7-25　"VLOOKUP""函数参数"对话框设置

⑦按"Ctrl＋Enter"组合键结束，返回工作表。这时，如果"A2"单元格中已输入职工
姓名，则"B2"就会出现该职工的职称，否则出现"♯N/A"的出错信息。

⑧利用信息函数"ISNA"解决"♯N/A"问题。选择单元格"B2:B15"，输入以下公式：
＝IF(ISNA(VLOOKUP(A2,职工表! $A$3: $B$12,2)),"",VLOOKUP(A2,职工
表! $A$3: $B$12,2))，该公式含义为：如果"ISNA"测试的公式结果为 TRUE 即♯N/
A，则 B2 单元格值返回为空白，否则为"VLOOKUP"查询结果。在用填充柄复制到相应
单元格区域。这样，B 列就不存在令人讨厌的错误信息"♯N/A"了。

⑨按照步骤⑤～⑧，设置"多表链接"工作表中单元格"C2:C15"，即"职工号"列。

提示：此任务中，被搜索的表区域是职工表的 A3:C12，因为"职工号"列在该区域的第
3 列，因此返回值的列号应设置为 3。

⑩保存文件。

这里通过几个简单的例子练习了数据验证设置和多表之间的数据引用，读者在输入
数据的过程中，请体会这些操作在实际应用中的作用。

（六）窗体控件应用和录制宏

Excel 中的窗体控件功能非常强大。利用窗体控件设计一个"清空"按钮，使其能清除
A1:D16 单元格区域的内容。

录制宏

〖操作步骤〗

①在 Excel 中，新建一个空白工作簿，执行"文件"|"保存"命令，选择文件保存的路

径,文件名为"exp7_4",选择保存的文件类型为"Excel 启用宏的工作簿",文件的扩展名为"xlsm",如图 7-26 所示。

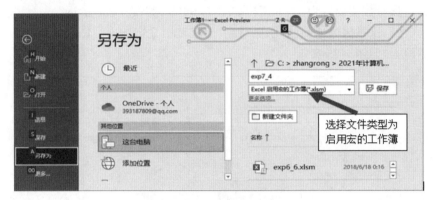

图 7-26 "表单控件"菜单

②选择"开发工具"菜单选项卡("开发工具"的启动参见"二、相关知识"之"5. VBA 基础")。

③在"开发工具"菜单选项卡中单击"插入"按钮,在弹出的面板中选择"按钮",如图 7-27所示。在"Sheet1"工作表的"G2"单元格处,按下鼠标左键并拖动,插入一个按钮。这时弹出"指定宏"对话框,如图 7-28 所示。

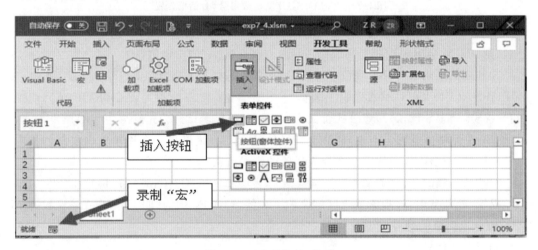

图 7-27 "表单控件"菜单

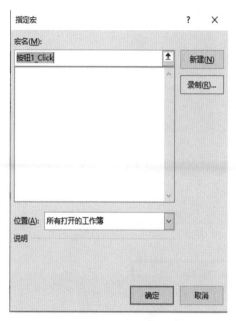

图 7-28　"指定宏"对话框

④单击"录制(R)…"按钮(参见图 7-28),打开"录制宏"对话框,如图 7-29 所示。

⑤单击"确定"按钮,开始录制宏。首先选择 A1：D15 单元格区域的内容,然后按"Delete"键清除。在 Excel 下方的状态栏中,单击"录制宏"按钮(如图 7-30 所示),停止录制。

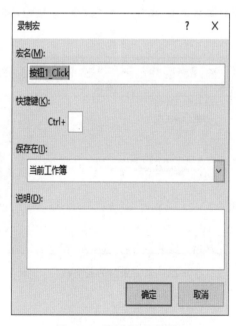

图 7-29　"录制宏"对话框

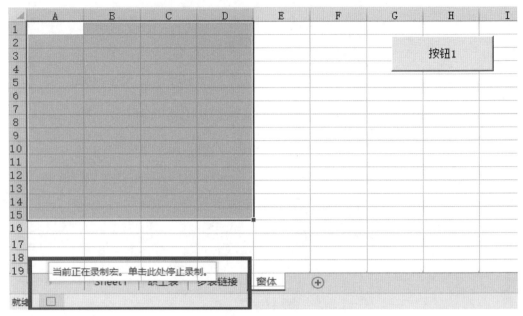

图 7-30　录制"宏"

⑥单击"开发工具"菜单选项卡中"Visual Basic"按钮，打开 Visal Basic 编辑器。"工程资源管理器"以树状图显示打开的工作簿和加载项的列表，所录制的代码保存在当前工作簿的"模块 1"中。双击"模块 1"，在"代码"窗口查看代码，如图 7-31 所示。

⑦在"按钮 1"上单击鼠标右键，单击"编辑文字"按钮，修改按钮标题为"清空"。

⑧在 A1:D15 单元格区域输入任意内容，单击"清空"按钮，进行测试。

⑨保存文件。

图 7-31　录制的宏代码

（七）VBA

(1)在 VBA 编辑器中创建一个"欢迎"窗体，在窗体上放置两个按钮和一个文本框控件。按钮的标题分别定义为"显示"和"清除"。单击"显示"按钮，在文本框中显示一行文字,单击"清除"按钮,清除文本框中的文字。

〖操作步骤〗

①工作簿"exp7_4.xlsm"中,进入 VBA 编辑环境,选"插入"|"用户窗体"菜单项,插入一个用户窗体 UserForm1。

②此时会弹出窗体工具箱,使用工具箱中的命令按钮控件■在窗体上放置两个命令按钮 CommandButton1 和 CommandButton2,使用文字框控件 **ab** 再放置一个文字框。

③选择命令按钮 CommandButton1,在其属性窗口中,设置"Caption"属性为"显示"。选择 CommandButton2,设置"Caption"属性为"清除"。单击窗体的空白区域即选择了窗体本身,设置"Caption"属性为"欢迎"。此时窗体设计界面如图 7-32 所示。

④双击"显示"按钮,进入代码窗口,输入以下代码:

```
Private Sub CommandButton1_Click()
    Me.TextBox1.Text="你好,欢迎学习 VBA!"
End Sub
```

⑤双击"清除"按钮,输入以下:

```
Private Sub CommandButton2_Click()
    Me.TextBox1.Text=""
End Sub
```

⑥单击"标准"工具栏上的"运行"按钮 ▷,运行窗体,单击"显示"按钮,效果如图 7-33 所示。

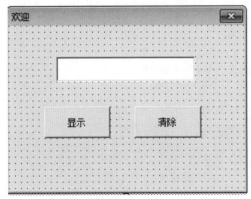

图 7-32 "欢迎"窗体设计界面图

图 7-33 "欢迎"窗体运行界面

(2)在 Excel 中自动生成年历,它可为任意指定的年份生成完整的年历。

〖操作步骤〗

①在工作簿"exp7_4.xlsm"中新建一个"年历"空工作表,如图 7-34 所示(提示:在制作该表时,可尽量采用序列自动填充、复制—粘贴等操作,可快速生成该表)。

VBA 编程
制作日历

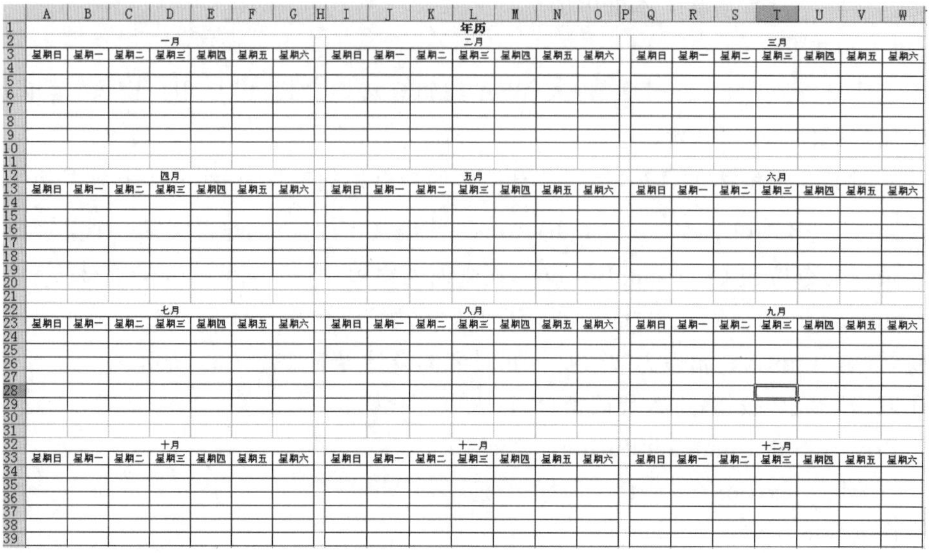

图 7-34 年历空表

②在年历空工作表的右上角,插入一个按钮,缺省的按钮标题为"按钮 1",同时会弹出"指定宏"对话框,选择"新建"按钮,在弹出的 VBA 代码框中输入以下代码(以'开头的部分用来注释其接下来的语句,可以不用输入):

```
Sub 按钮 1_单击()
'指定年份
y＝InputBox("请指定一个年份:")
'清除原有内容
Range("1:1,4:11,14:21,24:31,34:41").ClearContents
'设置标题
Cells(1, 1)＝y & "年历"        '注意 & 符两边有空格
'存放每个月的天数到数组 dsm(下标从 0 开始)
Dim dsm As Variant
dsm＝Array(31, 28, 31, 30, 31, 30, 31, 31, 30, 31, 30, 31)
'处理闰年,修正 2 月份天数
If ((y Mod 400＝0) Or (y Mod 4＝0 And y Mod 100 <> 0)) Then
dsm(1)＝29
End If
For m＝0 To 11
'计算每月第一天的星期数(1 日、2 一、3 二、4 三、5 四、6 五、7 六)
dt＝DateSerial(y, m＋1, 1)
fst＝Weekday(dt)
'计算每月起始的行号和列号
```

rs＝(m \ 3) ＊ 10＋4

cs＝(m Mod 3) ＊ 8

'排出一个月的日期

For d＝1 To dsm(m)

Cells(rs，cs＋fst)＝d

fst＝fst＋1

If fst ＞ 7 Then

fst＝1

rs＝rs＋1

End If

Next

Next

End Sub

③修改按钮标题为"切换年份"。保存工作表,单击"切换年份"按钮,会弹出对话框,假如输入年份"2019",单击"确定"按钮,就会出现如图 7-35 所示的年历。

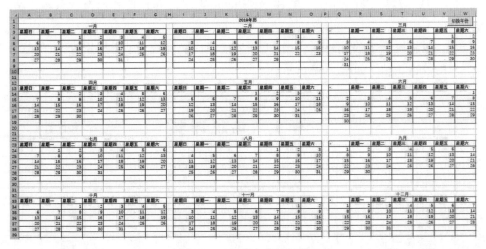

图 7-35　自动生成的年历

四、拓展练习

下载提供的 exp7_5.xlsx 文件,完成以下的练习。

(一)函数的应用

〖任务〗

打开 exp7_5.xlsx,应用相关函数完成下列内容:

(1)在"SUMIF 函数"工作表中分别计算市场 1 部、市场 2 部、市场 3 部的销售总量。

结果如图 7-36 所示。

	B	C	D	E	F	G
1	部门	销售量			部门	销售总量
2	市场1部	30			市场1部	132
3	市场1部	34			市场2部	78
4	市场2部	40			市场3部	53
5	市场3部	32				
6	市场1部	38				SUMIF结果
7	市场2部	38				
8	市场1部	30				
9	市场3部	21				
10						

图 7-36　SUMIF 函数的结果

(2)在“VLOOKUP 函数”工作表中,计算学生语文成绩的等级(G3:G11)。结果参见图 7-2。

(3)在“MID 函数”工作表中,计算“级别”列:准考证号的第 8 位数字数字对应学生考试的级别。结果参见图 7-3。

(4)在“FV 函数”工作表中,计算 B7 单元格的结果:2 年后账户的存款总额。结果参见图 7-5。

(5)在“成绩统计”工作表中,使用 SUM 函数和 RANK. EQ 函数分别计算“总分”和“名次”列的数据。结果如图 7-37 所示。

	A	B	C	D	E	F	G	H	I	J
1	学生成绩统计表								统计结果	
2	编号	姓名	政治	语文	数学	英语	物理	化学	总分	名次
3	20210001	刘平	89	50	84	85	92	91	491	3
4	20210002	王海军	71	88	75	79	94	90	497	1
5	20210003	李天远	67	81	95	72	88	86	489	4
6	20210004	张晓丽	76	70	84	89	59	87	465	7
7	20210005	刘富彪	63	85	82	75	98	93	496	2
8	20210006	刘章辉	65	47	95	69	90	89	455	8
9	20210007	邹文晴	77	65	78	90	83	83	476	5
10	20210008	黄仕玲	74	61	83	81	92	64	455	8
11	20210009	刘金华	71	50	55	73	100	84	433	12
12	20210010	叶建琴	72	71	81	75	87	88	474	6
13	20210011	王小丽	74	78	82	73	91	51	449	10
14	20210012	陈昊	65	48	90	79	70	83	435	11

图 7-37　学生成绩的统计结果

(6)在“职工工资统计”工作表中,使用相应函数完成职工工资的工资总额计算和相关统计分析。统计分析的结果如图 7-38 所示。

L	M
总工资总额:	113870
平均基本工资:	5305
平均工资总额:	8133.57
最高工资:	13400
最低工资:	6850
工资总额少于8000元的职工人数:	8

图 7-38　学生成绩的统计结果

〖操作步骤〗

略。

(二)数据透视表和数据透视图

〖任务〗

利用 exp7_5.xlsx 的"职工工资统计"工作表中数据,完成下面操作:

(1)利用数据透视表,得出不同部门男女职工的平均基本工资的交叉表分析结果,如图 7-39 所示。结果放在新建的"数据透视表"工作表中。

平均值项:基本工资	列标签				
行标签	办公室	技术部	生产部	销售部	总计
男	5350	4920	6200	4750	5177.142857
女	5875	4750	5425	5340	5432.857143
总计	5612.5	4863.333333	5683.333333	5045	5305

图 7-39　职工基本工资的数据透视表分析结果

(2)创建数据透视图,得出不同部门平均总工资的柱形图,如图 7-40 所示。结果放在新建的"数据透视图"工作表中。

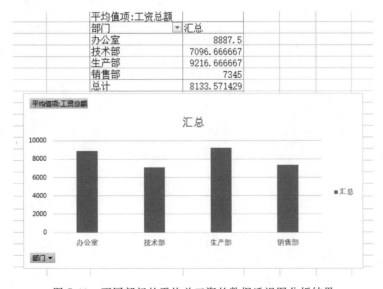

图 7-40　不同部门的平均总工资的数据透视图分析结果

〖操作步骤〗

略。

五、讨论与思考

(1)对于一份重要的 Excel 文件,请给出合适的安全策略。

(2)如果在工作簿中经常需要输入某公司名,用什么方法,可以快速完成该操作?

六、课后大作业

基本要求如下。

(一)任务

利用本实验中的相关操作,制作一个 Excel 工作簿。对当前电脑市场中各种品牌的电脑的配置、价格、生产厂家等做一次调查,并给出一些分析,为购买电脑的同学提出一些建议。并设计一份调查问卷,调查同学中购买电脑的需求(如心理价位和对电脑配置的基本要求)和使用目的。

(二)应用

请恰当应用以下部分功能:宏、窗体控件、多表之间的数据引用。

实验 8　PowerPoint 2019 幻灯片的制作与放映

一、实验目的与实验要求

(1)掌握使用 PowerPoint 2019 制作幻灯片的基本技巧。

(2)掌握幻灯片设计、修饰的基本技巧。

(3)掌握幻灯片动画设计及放映的基本技巧。

(4)熟悉幻灯片制作、放映的高级技巧,并能够利用所掌握的技能制作具有一定专业水平的演示文稿。

二、相关知识

(一)演示文稿与幻灯片的关系

演示文稿就是指 PowerPoint 的文件。PowerPoint 2019 默认的文件扩展名是 .pptx,包含宏的演示文稿以 .pptm 作为扩展名。演示文稿是一个文件,演示文稿中的每一页叫做幻灯片。一个演示文稿包含若干张表达具体内容的幻灯片及其先后关系,每张幻灯片都是演示文稿中既相互独立又相互联系的内容。

(二)视图方式

PowerPoint 2019 提供了不同的视图方式,用来以不同的方式显示演示文稿。包括:

(1)普通视图:默认的视图方式为普通视图,是最主要、最常用的视图方式。在普通视图中主要进行幻灯片的设计和编辑,包含幻灯片缩略图窗格、幻灯片窗格和备注窗格。

(2)大纲视图:大纲视图含有大纲窗格、幻灯片缩图窗格和幻灯片备注页窗格。在大纲窗格中显示演示文稿的文本内容和组织结构,不显示图形、图像、图表等对象。在大纲视图下编辑演示文稿,可以调整各幻灯片的前后顺序。

(3)幻灯片浏览视图:在幻灯片浏览视图中所有幻灯片以缩略图形式显示,以方便查看对整个演示文稿效果,以及方便地对幻灯片进行移动和删除等操作。

(4)备注页视图:备注页视图用于为演示文稿中幻灯片添加备注内容,作为对幻灯片的补充说明。

(5)阅读视图:阅读视图是一种特殊查看模式,用于查看演示文稿的最后效果。阅读视图以动态的形式显示演示文稿中各个幻灯片,所以可以利用该视图来检查演示文稿的设计,对不满意的地方进行及时修改。

（6）幻灯片放映视图:幻灯片放映视图用于放映演示文稿。演示文稿中所包含的所有动画效果和超链接等,只有在放映视图中才起作用。

可以在"视图"菜单选项卡中的"演示文稿视图"组中单击相应按钮切换各种视图。如图 8-1 所示。

图 8-1　视图之间的切换

(三)在演示文稿中插入新幻灯片的方法

若要插入一个新的空白幻灯片,可以执行下列操作之一。

（1）选择"开始"菜单选项卡,在"幻灯片"组中单击"新建幻灯片"按钮,在弹出的面板中选择相应的幻灯片版式。

（2）在幻灯片浏览窗格中选择"大纲"或"幻灯片"选项卡,选择插入点(如第 2 张幻灯片),然后按"Enter"键。

(四)幻灯片的基本操作

一个演示文稿由若干张幻灯片组成,幻灯片的基本操作包括对幻灯片的移动、复制、删除,等等。实际上,在 PowerPoint 中,对幻灯片的这些操作就像对文本的操作一样方便。

（1）幻灯片的选择:在对幻灯片进行移动、复制等操作之前,首先要选择幻灯片。例如,在普通视图的幻灯片浏览窗格中,选择"幻灯片"选项卡,单击一张幻灯片可以选择一张幻灯片,按住"Ctrl"键,单击其他幻灯片,则可以选择多张幻灯片。

（2）移动幻灯片:可以根据需要移动幻灯片,以调整演示文稿中幻灯片的顺序。选择幻灯片后,首先"剪切",再定位到正确的幻灯片位置,"粘贴"幻灯片,即可实现幻灯片的移动。也可以在选择幻灯片后,直接用鼠标拖动幻灯片实现幻灯片的移动。

（3）复制幻灯片:使用"复制"和"粘贴"命令可以方便实现幻灯片的复制操作。

（4）删除幻灯片:选择幻灯片后,选择"开始"菜单选项卡,在"幻灯片"组中单击"删除"按钮。也可以直接按"Delete"键,删除幻灯片。

三、实验内容与操作步骤

素材准备:在学校网站的主页(如宁波大学:www.nbu.edu.cn)中下载学校的校徽等相关图片;从网上下载一些 .bmp、.jpg、.gif、图片素材以及 .wav、.mp3 声音文件(以上素材也可由教师提供）。

（一）利用模板建立演示文稿

PowerPoint 2019 中包含一些内置模板，包括各种主题和版式。模板决定了演示文稿的基本结构、配色方案。应用模板可以使演示文稿具有统一的风格。我们可以从模板开始，快速、有效地创建一个具有专业水平的演示文稿。

〖操作步骤〗

①首先确定自己要创作的演示文稿的主题，如介绍家乡、母校，等等。打开 PowerPoint，单击"文件"按钮，在弹出的文件菜单中选择"新建"按钮。

②根据自己确定的主题，在 PowerPoint 提供的模板中选择自己喜欢的模板，也可以通过联机搜索下载更多的模板加以选择，如图 8-2 所示。单击"创建"按钮。

③刚刚创建的演示文稿中包含了一张或若干张幻灯片，在此基础上加入更多幻灯片及相应内容，创建一个完整的演示文稿。注意在第一张幻灯片中必须包含自己的姓名、学号、制作时间，应包含至少 4 张幻灯片。保存文件为"exp8_1.pptx"。

图 8-2   利用模板建立演示文稿

（二）利用"空演示文稿"建立新的演示文稿

建立具有 4 张幻灯片的"自我介绍"演示文稿，将结果以 exp8_2.pptx 文件名保存在自己的文件夹中。

（1）第 1 张幻灯片采用"标题幻灯片"版式，标题处填入"自我介绍"，在副标题处填入自己的名字以及当前日期。

〖操作步骤〗

①打开 PowerPoint，单击"文件"按钮，在弹出的文件菜单中单击"新建"按钮，选择

"空白演示文稿"。单击"创建"按钮。在默认情况下,新建的空演示文稿中包含一张幻灯片,版式为"标题幻灯片"。

②在标题处填入"自我介绍",在副标题处填入自己的名字。将光标定位到副标题中名字的下一行,选择"插入"菜单选项卡,在"文本"组中单击"日期和时间"按钮,在"日期和时间"对话框中选择日期和时间格式,选中"自动更新"复选框。单击"应用"按钮。

③自行设计标题、自己的名字以及日期等内容的字体、格式。

(2)新建第 2 张幻灯片,采用"标题与内容"版式,标题处填入"简历",并在表格中填写你从小学开始的简历。

【操作步骤】

①选择"开始"菜单选项卡,在"幻灯片"组中单击"新建幻灯片"按钮,在弹出的面板中选择"标题与内容"版式,插入新的幻灯片。

②在第 2 张幻灯片中,标题处填入"简历"。单击"插入表格"按钮,打开"插入表格"对话框,如图 8-3 所示。添加一个 4 行 2 列的表格,在表格中填写自己的简历。当然,可以根据内容多少调整表格。

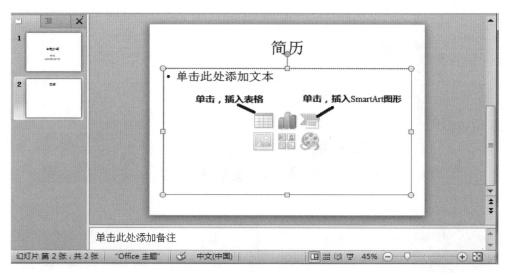

图 8-3　在幻灯片中插入表格

(3)新建第 3 张幻灯片采用"标题与内容"版式,标题处填入"我的个人爱好和特长",文本处填入自己的爱好和特长,插入几张自己的照片或自己所喜欢的图片。

【操作步骤】

插入图片:在"插入"菜单选项卡中单击"插图"组中的"图片"按钮,插入几张自己的照片或自己所喜欢的图片。

(4)第 4 张幻灯片采用"标题与内容"版式,标题处填入自己目前就读的大学的名字,插入一个组织结构图,采用组织结构图的方式描述大学的院系结构(相关资料可以从校园主页上获得)。

〖操作步骤〗

①单击"插入 SmartArt 图形"按钮(参见图 8-3),打开"选择 SmartArt 图形"对话框。在左侧列表中选择"层次结构",在中间窗格中选择"组织结构图",如图 8-4 所示。单击"确定"按钮。

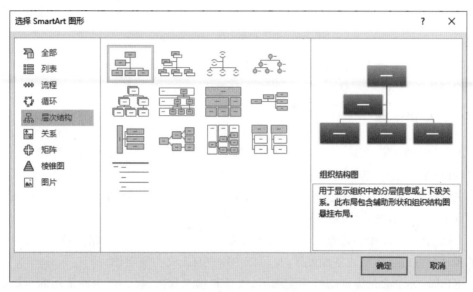

图 8-4 "选择 SmartArt 图形"对话框

②按照图 8-5 所示的组织结构图或以所在大学的院系结构填写所有形状,完成该组织结构图的设计。注意添加形状的方法:选中一个形状,单击鼠标右键,在快捷菜单中的"添加形状"的级联菜单中选择相应命令。

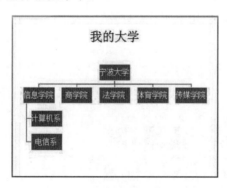

图 8-5 组织结构图样式

(5)选择"视图"|"演示文稿视图"|"浏览视图",在浏览视图中,观察到的结果如图 8-6所示。

图 8-6 浏览视图中的 exp8_2.pptx

(6)按"F5"键,放映演示文稿,在放映过程中通过"PageUp"键和"Page Down"键观看所有幻灯片。

(三)使用主题

主题是一组统一的设计元素,包括主题颜色、主题字体和主题效果等内容。利用设计主题,可快速对演示文稿进行外观、风格的统一设置。

主题颜色:由 8 种颜色组成,包括背景、文字强调和超链接颜色。PowerPoint 提供了很多自带的配色方案,也可以由用户自定义配色方案。

主题字体:主要是快速设置母版中标题文字和正文文字的字体格式,PowerPoint 提供了多种自带的字体格式搭配方案,也可以由用户自定义主题字体。

主题效果:主要是设置幻灯片中图形、线条和填充效果,包含了多种常用的阴影和三维设置组合。

(1)打开 exp8_2.pptx 文件,将所有幻灯片的主题设为"平面"。

〖操作步骤〗

选择"设计"菜单选项卡,在"主题"组中找到选择"平面"模板,如图 8-7 所示。右击,在弹出的快捷菜单中选择"应用于所有幻灯片"。

图 8-7 选择主题

（2）对第一张幻灯片所应用的主题进行调整：其中主题颜色为"字幕"，主题字体为"隶书"。

〖操作步骤〗

①选定第一张幻灯片，选择"设计"菜单选项卡，在"变体"组中，执行"其他"|"颜色"，在下拉列表中提供了多种内置的主题颜色，如图 8-8 所示。在"字幕"配色方案处单击鼠标右键，在弹出的快捷菜单中选择"应用于所选幻灯片"。

②在"字体"的下拉列表中选择"隶书"字体方案。

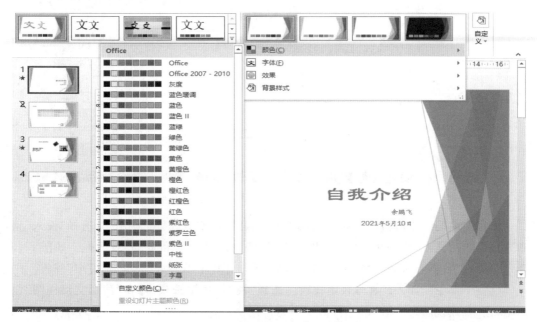

图 8-8　对主题预设方案的调整

（3）对 2-4 张幻灯片应用的主题颜色进行调整，其中主题颜色为"中性"。

〖操作步骤〗

选择"视图"|"演示文稿视图"|"普通视图"，在左侧的浏览窗格中，同时选定第 2-4 张幻灯片，打开"变体"组中的主题颜色库，选择"中性"主题颜色，选择"应用于所选幻灯片"。

（四）设置幻灯片的母版

（1）对于第一张幻灯片应用的标题母版，将其中的标题样式设为"黑色加粗，54 号字"。在左上角插入所在学校的校徽。

（2）对于其他幻灯片应用的一般幻灯片母版，在日期区中插入当前日期，在页脚中插入幻灯片编号（第一张幻灯片不显示幻灯片编号）。插入所在学校的校徽。

〖操作步骤〗

①选择"视图"|"母版视图""幻灯片母版"，进入幻灯片母版视图，在左侧的浏览窗格中，选择"标题幻灯片版式：由幻灯片 1 使用"，如图 8-9 所示，选中标题所在的占位符，按要求修改字体样式，在左上角插入所在学校的校徽。

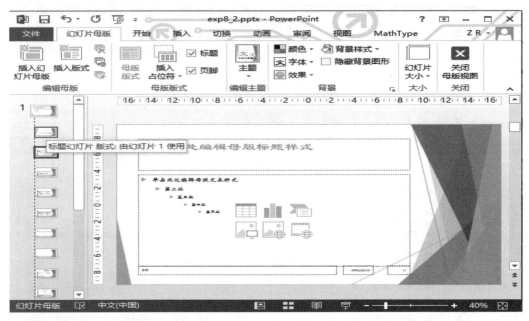

图 8-9　在左侧的浏览窗格中选择相应的版式

②在左侧的浏览窗格中,选择"标题和内容版式:由幻灯片 2-4 使用"。选择"插入"菜单选项卡,在"文本"组中单击"页眉和页脚"按钮,打开"页眉和页脚"对话框。如图 8-10所示。勾选"日期和时间","幻灯片编号","标题幻灯片中不显示"。单击"应用"按钮。

③在下部中间插入所在学校的校徽。选择"视图"菜单选项卡,在"演示文稿视图"组中,单击"普通视图"。

④在浏览视图中,观察到的结果如图 8-11 所示。

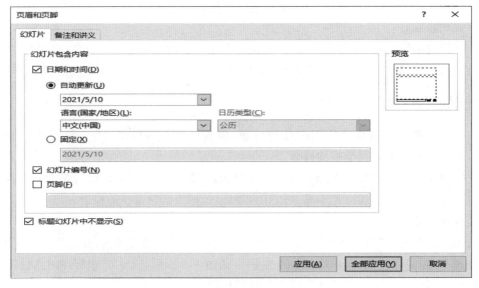

图 8-10　"页眉和页脚"对话框

图 8-11　浏览视图中查看幻灯片母版设计结果

（五）幻灯片的动画技术

（1）利用"预设动画"设置幻灯片的动画效果。

所谓"预设动画"是指 PowerPoint 内置的现成动画设置效果。这种方法比较简单快捷，但是可用的"预设动画"不多。

【要求】

对 exp8_2.pptx 中的第 1 张幻灯片的标题设置进入效果为"轮子"动画，对副标题设置进入效果为"擦除"并"按段落"。

【操作步骤】

在"普通视图"下，选定第一张幻灯片。选定标题，选择"动画"菜单选项卡，在"动画"组的"动画样式"列表中进入效果选择"轮子"。选定副标题，设置为"擦除"，单击"效果选项"按钮，在弹出列表中选择"按段落"。设置好后，可以单击"预览"按钮观察效果。"预览"按钮及预设的"动画"组按钮如图 8-12 所示。

图 8-12　"预览"按钮及"动画"组

（2）利用"自定义动画"设置对象的动画效果。

【要求】

在 exp8_2.pptx 中的第三张幻灯片中，设置自定义动画效果

——标题部分，采用进入效果"十字形扩展"；

——将左侧文本内容部分的进入设置为"弹跳"，并在标题内容出现 1 秒钟后自动开始，而不需要鼠标单击，退出效果为"向外溶解"。

——将右侧两张图片的进入设置为"翻转式由远及近"，开始为在"与上一动画同时"。

【操作步骤】

①在"普通视图"下，选中第三张幻灯片。

②选中幻灯片中的标题文本框。选择"动画"|"高级动画"，单击"添加动画"按钮，在下拉列表中，选择"进入"|"更多进入效果"，打开"添加进入效果"对话框，如图 8-13 所示。

选择"十字形扩展"。

③选中幻灯片中的左侧文本内容。设置进入效果为"弹跳"。在"计时"组中，设置"开始"项为"上一动画之后"，"延迟"项为"01.00"。设置退出效果为"向外溶解"。

④选中幻灯片中的一张图片，进入设置为"翻转式由远及近"，在"计时"组中，设置"开始"项为"与上一动画同时"。选中该图片，单击"高级动画"中的"动画刷"，再单击另一张图片，则将该图片的动画设计应用于另一张图片。

⑤单击"幻灯片放映"按钮，观察效果。

⑥单击"高级动画"中的"动画窗格"，在窗口右侧弹出"动画窗格"，在"动画窗格"中可以更方便地修改、编辑动画设置。请读者试将将标题的"开始"项修改为"上一动画之后"，将两张图片的动画移到文本内容动画之前。

图 8-13 "添加进入效果"对话框

(3)利用"幻灯片切换"设置幻灯片间切换动画。

〖要求〗

设置 exp8_2.pptx 中的所有幻灯片间的切换效果为"涟漪"，单击鼠标手动切换，加入声音"风铃"等。

〖操作步骤〗

①在"普通视图"下，选择"切换"菜单选项卡，在"切换到此幻灯片"组中，选择切换方案。

②在"计时"组中，设置声音，速度，在"换片方式"中勾选"单击鼠标时"，单击"应用到全部"。

③选择"幻灯片放映"菜单选项卡,在"开始放映幻灯片"组中,单击"从头开始",或按"F5",观察设置效果。单击幻灯片可切换幻灯片,用鼠标右击幻灯片,在弹出的快捷菜单中选择"结束放映",或按"Esc"键可退出演示文稿的播放。

(4)演示文稿中的超级链接。

〖要求〗

在 exp8_2. ppt 中第 1 张幻灯片之后插入一张"空白"版式的新幻灯片。在幻灯片上插入一个文本框,依次输入 3 行:简历、个人爱好、我的大学。格式设置为"楷体,36 磅"。然后利用超链接分别指向后面的 3 张幻灯片。

〖操作步骤〗

①按要求插入幻灯片,输入所要求内容,设置格式。

②在"普通视图"下,选中新插入的幻灯片(第 2 张幻灯片)。

③选中文本"简历",右击,在快捷菜单中选择"链接"命令,打开"插入超链接"对话框,如图 8-14 所示。在左侧"链接到"列表中选择"本文档中的位置",在中间的列表中选择"简历"幻灯片(即第 3 张幻灯片)单击"确定"按钮。按上述步骤为其他两行文本建立超链接。

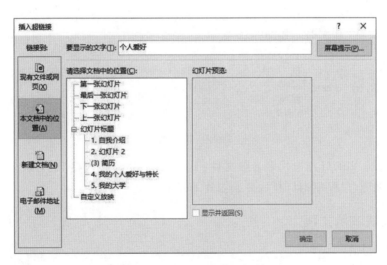

图 8-14　"插入超链接"对话框

④进入放映视图,用鼠标单击"简历"等超链接文本,观察效果。

(5)利用动作按钮设置超链接。

〖要求〗

除第 1,2 张幻灯片外,在其他每张幻灯片中都插入一个指向第 2 张幻灯片的动作按钮。

〖操作步骤〗

①选中第 3 张幻灯片,选择"插入"菜单选项卡,单击"形状"下拉按钮,在下拉列表的"动作按钮"组中选择"空白"按钮。

②在第 3 张幻灯片的合适位置,按下鼠标左键拖动,绘制出一个动作按钮,则会弹出

"动作设置"对话框。在"单击鼠标"选项卡中，选中"超链接到"单选按钮，打开它的下拉菜单中选择"幻灯片…"，在弹出的"超链接到幻灯片"对话框中选择"幻灯片2"，单击"确定"按钮。在"动作设置"对话框中单击"确定"按钮。

③选中插入的按钮，在编辑状态下输入"目录"。这样就完成了自定义按钮的制作。

④复制该按钮到第4张、第5张幻灯片中。

⑤进入放映视图，用鼠标单击"简历"等超链接文本，观察效果。

（六）添加声音

【要求】

在第1张幻灯片中插入一个声音文件作为背景音乐，在幻灯片放映的过程中始终播放。放映时隐藏。

【操作步骤】

①切换到第1张幻灯片，选择"插入"菜单选项卡，在"媒体"组中，单击"音频"下拉按钮，在下拉列表中选择"PC上的音频…"，在弹出的"插入音频"对话框中选择一个事先准备好的声音文件。单击"插入"按钮。

②选择"播放"菜单选项卡，"音频选项"组中勾选"跨幻灯片播放"，"循环播放，直至停止"，"放映时隐藏"复选框。如图8-15所示。

图8-15　音频的"播放"菜单选项卡

③选中第1张幻灯片中代表音频文件的小喇叭，在"动画窗格"中将音乐动画移到所有动画项的前面，以保证幻灯片一开始播放即开始播放音乐。

（七）放映演示文稿

【要求】

隐藏第3张幻灯片，使得播放时直接跳过隐藏的幻灯片。以排练计时方式播放幻灯片。

【操作步骤】

①选中第3张幻灯片，选择"幻灯片放映"菜单选项卡，单击"设置"组中的"隐藏幻灯片"按钮。

②在"幻灯片放映"菜单选项卡中，单击"设置"组中"排练计时"按钮，播放结束后，保存计时。

使用"排练计时"功能可以在排练时自动记录时间，从而让自己在讲解幻灯片时更好地把控时间。也可以保存播放过程，按照排练的时间自动演示幻灯片。

③放映幻灯片，开始自动播放，观看自己的作品。

如果不想再用排练计时的自动播放,则可以选择"幻灯片放映"|"设置幻灯片放映",在"设置放映方式"对话框中进行设置,如图 8-16 所示。

④保存 exp8_2.pptx。

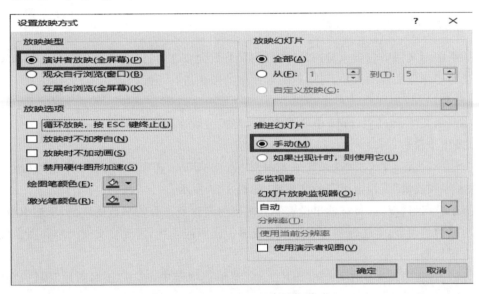

图 8-16　"设置放映方式"对话框

(八)演示文稿的发布

制作完成的幻灯片,可以以不同的文件格式导出并用于共享。PowerPoint 支持的文件导出方式包括 PDF/XPS 文档、创建视频、创建动态 GIF、将演示文稿打包成 CD 和创建讲义,也可以更改文件类型。

〖要求〗

将演示文稿打包成 CD,命名为"我的 CD 演示文稿"。

单击"文件"按钮,在弹出的菜单中,鼠标单击"导出",在级联菜单中选择"将演示文稿打包成 CD"命令,单击"打包成 CD"按钮。在"打包成 CD"对话框中,按要求输入名称,单击"复制到文件夹"按钮,选择自己文件夹中,单击"确定"按钮。

四、拓展练习

(一)视频剪辑

〖任务〗

根据自己制作的演示文稿 exp8_1.pptx,用手机拍摄一段小视频,或者从网上下载或录制一段相关视频,插入到幻灯片中,并利用 PowerPoint 的视频工具,对插入的视频进行剪裁和播放设计(如淡入淡出时间设置)。

〖操作步骤〗

在 exp8_1.pptx 的幻灯片中,执行"插入"|"视频"|"此设备",插入一段视频。并在视频的"播放"菜单选项卡中对视频进行剪裁和播放设计。

(二)减少文件的字节数

如果演示文稿中包含大量图片,文件的字节数会较大,可能会影响文件的上传和发送速度。为了降低文件的大小,可以对幻灯片中的图像进行压缩处理。

〖任务〗

将演示文稿 exp8_1.pptx 中的图像通过降低分辨率来进行压缩。

〖操作步骤〗

方法一:执行"文件"|"选项",在打开的"PowerPoint 选项"对话框中单击"高级",在"图像大小和质量"下指定设置的分辨率,如图 8-17 所示。

提示:默认情况下,目标输出设置的分辨率为高保真。分辨率数值越低,压缩率越高,文件压缩的越明显,但图像的观看效果会变差。实际应用中,需要在文件大小和图像质量之间进行权衡。

方法二:选中某一张图片,在"图片工具"菜单选项卡中,单击"压缩图片"按钮,在"压缩图片"对话框中也可以对图片进行压缩处理。

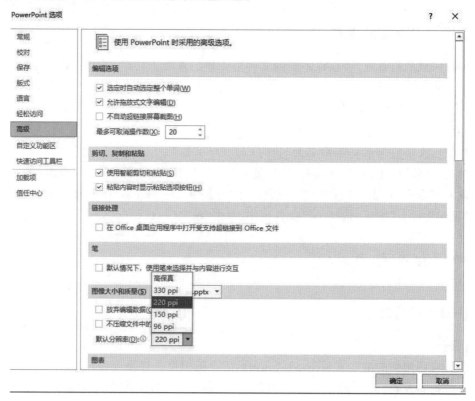

图 8-17　图像压缩设置

(三)高级动画设计

〖任务〗利用 PowerPoint 的"自定义动画"功能,在一张幻灯片中制作一个由 5 到 1 的倒计秒数的计时器动画。单击鼠标开始倒计秒数。

〖操作步骤〗

①在 exp8_1.pptx 中新建一个空白幻灯片,插入一个文本框,并在文本框中输入"54321",设置合适的字符大小和字体。

②选中文本框中的所有数字字符,设置字符间距,间距为"紧缩",度量值为"150"。

③执行"动画"|"高级动画"|"添加动画",在"进入"中选择"出现",设置动画的计时项,"开始":单击时,"延迟":00.00,在"效果选项"中设置,"设置文本动画":按字母顺序,"字母之间的延迟秒数"为:1,如图 8-18 所示。

图 8-18　倒计秒数动画的"效果选项"设置

④执行"动画"|"高级动画"|"添加动画",在"更多退出效果"中选择"消失",动画的计时项,"开始":与上一动画同时,"延迟":01.00,"效果选项"设置同步骤③,见图 8-18。

⑤放映幻灯片,观看效果。

请讨论并回答问题:在此例中,为什么"出现"的"延迟"计时设置为 00.00,而在"消失"的"延迟"计时设置为 01.00,而且"开始"的设置为:与上一动画同时?

五、讨论与思考

(1)简述使用 PowerPoint 2019 制作演示文稿的步骤。

(2)简述母版在幻灯片设计中的作用?

(3)如何让声音在演示文稿放映过程中循环播放,直到整个演示文稿放映结束?

(4)讨论:什么样的 PPT 才是好的 PPT。

六、课后大作业

基本要求如下。

(一)工作量

制作一个包含 5 张以上的幻灯片的多媒体演示文稿。

(二)主题

选题可以是自己感兴趣的话题,如文学作品介绍、专业介绍、旅游景点介绍、环保知识等。要求内容健康、进步。

(三)基本功能

(1)要求演示文稿的主题明确,幻灯片的色彩搭配协调、幻灯片版面布局格式整洁清晰。

(2)充分利用已经掌握的幻灯片的编辑和修饰技巧,如使用图片、图形或艺术字等修饰幻灯片,为幻灯片设置理想的切换效果,使用超链接功能合理组织演示文稿的浏览顺序。

(3)充分利用已经掌握的幻灯片的动画设计和多媒体设计技巧,为幻灯片中的对象插入恰当的动画和音效。

(四)高级应用

应用音频、视频文件的插入、背景音效的设置等,丰富演示文稿的表现效果。

实验 9　Office 2019 综合应用

一、实验目的与实验要求

(1)利用 Word 制作毕业论文模板。

(2)利用 PowerPoint 制作毕业设计答辩演示文稿。

(3)利用 Excel 分析毕业设计论文成绩。

二、实验内容与操作步骤

(一)制作毕业论文模板

按下列要求制作毕业论文模板。

(1)论文目录分三级,统一按 1,1.1,1.1.1 等层次编写,并注明页码(居中),正文中没有第三级小标题的,可以只列二级目录。

标题 1:黑体,三号,字距调整加宽 2 磅,悬挂缩进 4.25 字符,居中,行距:最小值 28.9 磅,段落间距:段前 36 磅,段后 36 磅,与下段同页,段中不分页。大纲级别:1 级

标题 2:黑体,四号,行距:最小值 20.8 磅,段落间距:段前 19 磅,段后 19 磅,大纲级别:2 级

标题 3:黑体,五号,缩进:左侧 0.75 厘米,悬挂缩进:5.67 字符,段落间距:段前 14 磅,段后 14 磅,大纲级别:3 级

(2)正文

字体:(中文)宋体,(英文默认)Time New Roman,五号;缩进:两端对齐;行距:最小值 15.6 磅;首行缩进:2 字符。

(3)插图的标示和引用

每幅插图都必须有图编号和图标题(即图的名称)。每一章的图都要统一编号。例如,假设第 2 章有 3 幅插图,则图编号分别为图 2.1、图 2.2 和图 2.3。正文中引用插图内容时,用图编号指代插图。如图 2.1 表示第 2 章的第 1 幅图。

(4)表格的标示和引用

每张表格都必须有表编号和表标题(即表的名称)。每一章的表格都要统一编号。例如,假设第 2 章有 3 张表格,则表编号分别为表 2.1、表 2.2 和表 2.3。正文中引用表格内容时,用表编号引用表格。如表 2.1 表示第 2 章的第 1 张表格。

（5）正文中的注释采用脚注或尾注。其格式为：

①著作：作者姓名.书名[M].xx：出版社，xxxx，xx.

②论文：作者姓名.论文题目[D].杂志名称，xxxx（）：xx.

以英文大写字母方式标识各种参考文献，专著[M]、论文集[C]、报纸文章[N]、期刊文章[J]、学位论文[D]、报告[R]。

（6）毕业论文需有封面、中文摘要、中文关键词、英文摘要、英文关键词、目录、正文、参考文献、致谢。

（7）参考文献一般不低于10本（篇）（必须包含至少2篇英文文献），引用格式与正文注释一致。列出的参考文献在毕业论文正文中必须有引用，参考文献按照毕业论文正文中引用出现的顺序统一编号。

（8）正文部分添加页眉，奇偶页页面不同，奇数页为：宁波大学＊＊学院本科毕业设计（论文），偶数页为：具体的论文题目。

（9）页码。默认段落字体，页码格式为－X－，右对齐。

（二）制作毕业论文答辩演示文稿

（1）制作第一张幻灯片——封面，如图9-1所示左图，插入两幅图片以及日期。

（2）制作第二张幻灯片——目录，如图9-1所示右图，主要有背景及任务、研究方法、研究结果、结果讨论、总结及进一步工作。

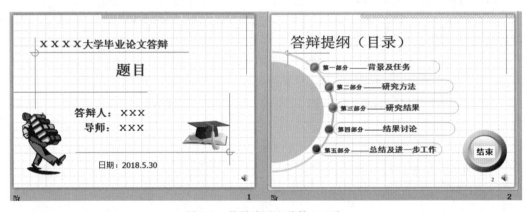

图9-1　答辩演示文稿第1、2张

（3）制作第三张幻灯片——背景介绍，如图9-2所示左图，分别介绍国外主要研究、国内研究和本文工作。

（4）制作第四张幻灯片——研究方法表达一，如图9-2所示右图，主要插入流程图或者其他图来展示某个过程。

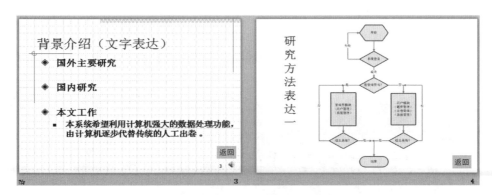

图 9-2　答辩演示文稿第 3、4 张

（5）制作第五张幻灯片——研究方法表达二，如图 9-3 所示左图，利用自选图形、文本框等。

（6）制作第六张幻灯片——结果表达一，如图 9-3 所示右图，利用插入 Excel 图表对象，实现动态的图表。

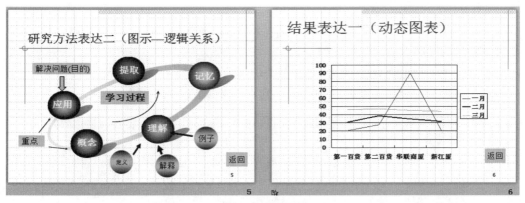

图 9-3　答辩演示文稿第 5、6 张

（7）制作第七张幻灯片——结果表达二，如图 9-4 所示左图，插入图片展示结果。

（8）制作第八张幻灯片——结果讨论，如图 9-4 所示右图，插入表格，使用文本框以及自定义动画实现动态表格。

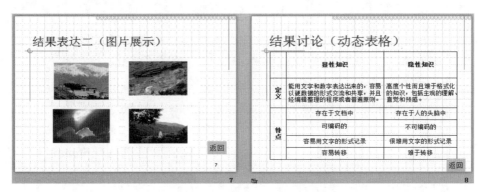

图 9-4　答辩演示文稿第 7、8 张

(9)制作第九张幻灯片—总结，如图 9-5 所示左图，总结及下一步工作，可以使用背景变化或者模板重新设置来实现不同的效果。

(10)制作第十张幻灯片—结束语，如图 9-5 所示右图，可以使用艺术字，图片，动画等。

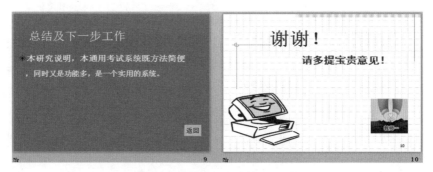

图 9-5　答辩演示文稿第 9、10 张

(三)毕业论文成绩处理

统计毕业论文信息，输入到 Excel 表中，共有 112 位同学信息，有序号、姓名(学号)、班级、毕业设计题目、成绩等级等列。

要求分类汇总出优、良、中、及、不及各个等级的人数，如图 9-6 所示。

要求制作一张数据透视表，统计每个班级各个等级的人数，如图 9-7 所示。

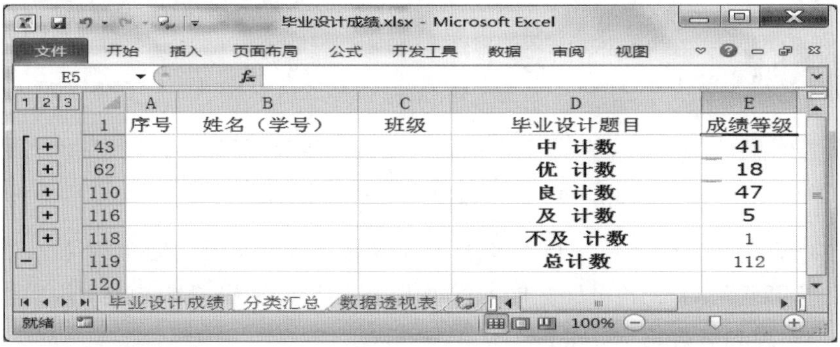

	A	B	C	D	E
1	序号	姓名（学号）	班级	毕业设计题目	成绩等级
43				中 计数	41
62				优 计数	18
110				良 计数	47
116				及 计数	5
118				不及 计数	1
119				总计数	112
120					

图 9-6　毕业设计成绩分类汇总信息

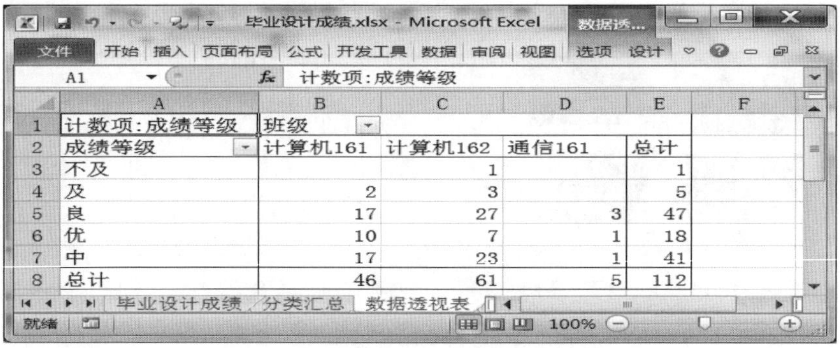

	A	B	C	D	E
1	计数项:成绩等级	班级			
2	成绩等级	计算机161	计算机162	通信161	总计
3	不及		1		1
4	及	2	3		5
5	良	17	27	3	47
6	优	10	7	1	18
7	中	17	23	1	41
8	总计	46	61	5	112

图 9-7　毕业设计成绩数据透视表信息

实验 10　Windows 10 网络配置与 Internet 应用

一、实验目的与实验要求

(1)熟练掌握 Windows 10 网络配置的基本操作。

(2)熟练掌握 Windows 10 环境下网络工具的使用。

(3)熟练掌握利用在 Windows 10 操作系统下浏览器、FTP、Outlook 邮件客户端等应用的基本操作方法。

(4)掌握用搜索引擎在网上查找信息的方法。

二、相关知识

(一)计算机网络概念

计算机网络也称计算机通信网,是指将地理位置不同的具有独立功能的多台计算机及其外部设备,通过通信线路连接起来,在网络操作系统,网络管理软件及网络通信协议的管理和协调下,实现资源共享和信息传递的计算机系统。

(二)TCP/IP 协议

TCP/IP 协议是针对计算机网络相互连互通而设计的协议。在因特网中,它是能使连接到网上的所有计算机实现相互通信的一套规则,规定了计算机在因特网上进行通信时应当遵守的规则。任何厂家生产的计算机系统,只要遵守 TCP/IP 协议就可以与因特网互连互通。各个厂家生产的网络系统和设备,如以太网、分组交换网等,它们相互之间不能互通,不能互通的主要原因是因为它们所传送数据的基本单元的格式不同。TCP/IP 协议实际上是一套由软件程序组成的协议软件,它把各种不同数据单元统一转换成 IP 数据报格式,这种转换是因特网的一个最重要的特点,使所有各种计算机都能在因特网上实现互通,即具有"开放性"的特点。正是因为有了 TCP/IP 协议,因特网才得以迅速发展成为世界上最大的、开放的计算机通信网络。

(三)IP 地址

IP 地址是指互联网协议地址,又译为网际协议地址,是 IP 协议提供的一种统一的地址格式,它为互联网上的每一台主机分配一个逻辑地址,以此来屏蔽物理地址的差异。

(四)Windows 10 网络配置

Windows 10 网络地址配置包括自动获取和手工配置两种方式。我们通过右击桌面上的网络图标可快速进入网络配置界面。点击"打开网络和共享中心"|"更改适配器设置"修改其中的设置即可。目前大部分电脑还在使用 IPv4 类型地址,点击 IPv4 配置即可进行网络配置。

(1)自动获取方式:自动获取即 DHCP 服务器给主机指定一个具有时间限制的 IP 地址,时间到期或主机明确表示放弃该地址时,该地址可被其他主机使用。

(2)手工配置方式:主机的 IP 地址是由网络管理员指定的,用户修改 IPv4 配置,使用指定的 IP 地址,配置内容包括 IP 地址、子网掩码以及默认网关,DNS 服务器可配置首选 DNS 服务器地址以及备用 DNS 服务器地址,正确配置后即可获得上网服务。

(五)常用网络测试工具

(1)ipconfig。ipconfig 实用程序和它的等价图形用户界面——Windows 95/98 中的 WinIPCfg 可用于显示当前的 TCP/IP 配置。这些信息一般用来检验人工配置的 TCP/IP 是否正确。但如果你的计算机和所在的局域网使用了动态主机配置协议(DHCP),该程序所显示的信息更加实用。此时,ipconfig 可以让你了解你的计算机是否成功租用到一个 IP 地址,如果租用到则可以了解它分配到的是什么地址。该命令也可以清空 DNS 缓存。了解计算机当前的 IP 地址、子网掩码和缺省网关实际上是进行测试和故障分析的必要项目。

(2)ping。Ping 命令是用来测试网络连接状况以及信息发送和接收状况的非常有效的工具,是网络测试中最常用的命令。ping 命令向目标主机(地址)发送一个回送请求数据包,要求目标主机收到请求后给予答复,从而得到计算机网络的响应时间和判断主机是否与目标主机(地址)连通。

如果在局域网内执行 ping 命令不成功,则故障可能出现在以下几个方面:网线是否连通,网卡配置是否正确,IP 地址是否可用等。这是可查看本机的网线、网卡的硬件连接情况以及网络配置。

(3)arp。地址解析协议(Address Resolution Protocol,ARP)是根据 IP 地址获取物理地址(MAC 地址)的一个 TCP/IP 协议。arp 命令用来探测 IP 地址和 MAC 地址的绑定,也可以静态绑定 IP 地址和 MAC 地址,防止 ARP 病毒更改 arp 缓存导致的不能正常联网。主机发送信息时将包含目标 IP 地址的 ARP 请求广播到局域网络上的所有主机,并接收返回消息,以此确定目标的 MAC 地址。收到返回消息后将该 IP 地址和 MAC 地址存入本机 ARP 缓存中并保留一定时间,下次请求时直接查询 ARP 缓存以节约资源。

地址解析协议是建立在网络中各个主机互相信任的基础上的,局域网络上的主机可以自主发送 ARP 应答消息,其他主机收到应答报文时不会检测该报文真实性就会将其记入本机 ARP 缓存。因而,攻击者就可以向某一主机发送伪 ARP 应答报文,使其发送的信息无法到达预期的主机或到达错误的主机,这就构成了一个 ARP 欺骗。arp 命令可用于查询本机 ARP 缓存中 IP 地址和 MAC 地址的对应关系、添加或删除静态对应关系等。

（4）nslookup。nslookup 是 Windows NT 中连接 DNS 服务器，查询域名信息的常用命令，可以指定查询的类型，可以查到 DNS 记录的生存时间，还可以指定使用哪个 DNS 服务器进行解释。在已安装 TCP/IP 协议的电脑上面均可以使用这个命令，主要用来诊断域名系统基础结构的信息。

（六）搜索引擎

所谓搜索引擎，就是根据用户需求，运用一定的策略及特定的算法，从互联网检索出指定信息并反馈给用户的一门检索技术。搜索引擎依托于多种技术，如网络爬虫技术、检索排序技术、网页处理技术、大数据处理技术、自然语言处理技术等，为信息检索用户提供快速、高相关性的信息服务。搜索引擎技术的核心模块一般包括爬虫（Crawler）、索引、检索和排序等，同时可添加其他一系列辅助模块。搜索引擎是工作于互联网上的一门检索技术，旨在提高人们获取搜集信息的速度，为人们提供更好的网络使用环境。

从功能和原理上搜索引擎大致可分为全文搜索引擎、元搜索引擎、垂直搜索引擎和目录搜索引擎等四大类。全文搜索引擎是名副其实的搜索引擎，国外代表有 Google（谷歌），国内则有著名的百度搜索。它们从互联网提取各个网站的信息，建立起自己的数据库，并能检索与用户查询条件相匹配的记录，按照一定的排列顺序返回结果。

三、实验内容与操作步骤

（一）网络（IP）地址配置

〖操作步骤〗

①点击"开始"｜"控制面板"，打开"控制面板"界面。如图 10-1 所示，点击开始后定位到英文"W"索引的菜单，从"Windows 系统"里面找到控制面板选项。注："开始"菜单是在进入 Windows 桌面后左下角的 Windows 图标。

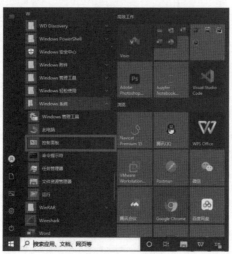

图 10-1　进入"控制面板"

②进入控制面板后,点击左侧的"网络和 Internet",打开"网络和 Internet"界面。"网络和 Internet"界面主要包括两部分:网络和共享中心、Internet 选项。其中,网络和共享中心包括查看网络状态、连接到网络,以及查看网络计算机和设备。Internet 选项包括更改主页、管理浏览器加载项、删除浏览器的历史记录和 Cookie,如图 10-2 所示。

图 10-2 "网络和 Internet"界面

③单击"网络和共享中心"进入后,选择当前所连接的网络(图 10-3 中的 WLAN 2 一般是 DHCP 自动分配,实验中请选择有线网络连接并进行配置),进入当前网络的状态设置界面。点击"属性",在列表中双击"Internet 协议版本 4(TCP/IPv4)",打开"Internet 协议版本 4(TCP/IPv4)"属性界面,如图 10-3 所示。

图 10-3 设置当前电脑网络

④"Internet 协议版本 4(TCP/IPv4)"属性界面如图 10-3 中最右边部分所示,主要有两种设置方式:自动获取(DHCP)方式和手工配置方式。自动获取方式是 DHCP 服务器给主机分配一个具有时间限制的 IP 地址,时间到期或主机明确表示放弃该地址时,该地址可以被其他主机使用。主机 IP 地址是由网络管理员指定的,用户 IPv4 配置中使用指定 IP 地址进行配置,内容包括 IP 地址、子网掩码以及默认网关,DNS 服务器可配置首选 DNS 服务器地址以及备用 DNS 服务器地址,正确配置后即可获得上网服务。

(二)浏览器配置和使用

(1)启动和关闭 IE 浏览器

〖操作步骤〗

①在 Windows 桌面上双击 Internet Explorer 浏览器图标或在快速启动栏中单击 Internet Explorer 图标启动 IE 浏览器。如果都没有,可在"开始"|"Windows 系统"|"Internet Explorer"路径找到,然后单击启动 IE 浏览器。

②在 IE 浏览器地址栏中输入 URL 地址"http://www.baidu.com",按"回车(Enter)"键后稍等片刻,浏览器窗口出现百度网站的主页画面,如图 10-4 所示。

图 10-4　百度网站主页界面

③在菜单栏中右键单击并选择"关闭"选项或单击窗口右上角的"关闭"按钮即可关闭 IE 浏览器窗口。

(2)配置 IE 浏览器

①在 Windows 桌面上双击 Internet Explorer 浏览器图标或在快速启动栏中单击 Internet Explorer 图标启动 IE 浏览器。如果都没有,可在"开始"|"Windows 系统"|"Internet Explorer"路径找到,然后单击启动 IE 浏览器。

②单击网页右上角"工具"菜单中的"Internet 选项"子菜单,弹出"Internet 选项"对话框,如图 10-5 所示。

③单击"常规"选项卡,在"浏览历史记录"区域中单击"设置"按钮,弹出"网站数据设置"对话框,如图 10-6 所示。

④在"使用的磁盘空间"微调框中输入或通过微调器按钮调整到一个大小合适的数值,如 512,然后单击"确定"按钮即可设置 IE 浏览器的数据缓冲区为 512MB。

⑤设置受信任的站点(如图 10-7 所示):单击"安全"选项卡,在"受信任的站点"右侧单击"站点"按钮,弹出"受信任的站点"对话框,在"将该网站添加到区域"文本框中输入网络地址,然后单击"添加"按钮。注意,要取消对"对该区城中的所有站点要求服务器验证"复选项的选中,如图 10-8 所示。

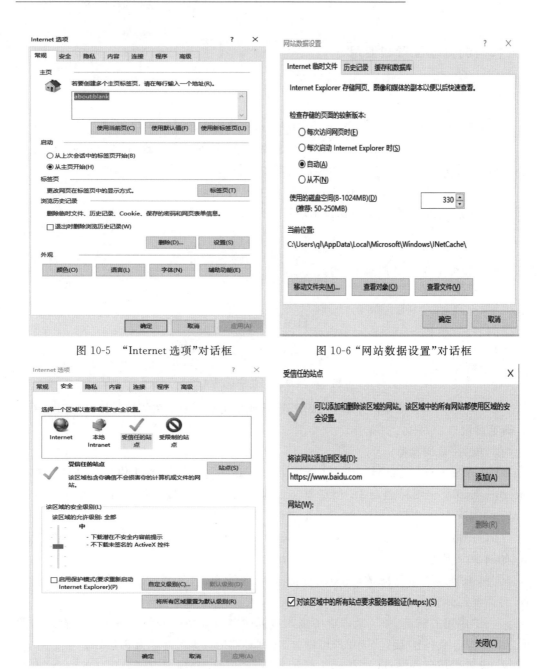

图 10-5 "Internet 选项"对话框   图 10-6 "网站数据设置"对话框

图 10-7　受信任站点   图 10-8 添加可信任站点

⑥在"Internet 选项"对话框中单击"高级"选项卡,如图 10-9 所示。在"设置"列表框中取消勾选"在网页中播放动画",单击"确定"按钮,则 IE 浏览器取消该功能。

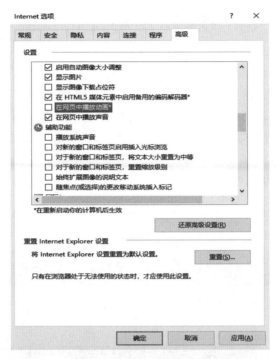

图 10-9 "高级"选项卡

⑦设置默认首页。在浏览器地址栏中输入 URL 地址"http://www.baidu.com"并按"回车(Enter)"键,打开百度主页。然后,打开"Internet 选项"对话框。单击"常规"选项卡,在"主页"区域中单击"使用当前页"按钮,则下次打开 IE 浏览器时将自动进入百度主页。

⑧在百度主页"搜索"栏中输入"filetype ppt 计算机网络",单击"百度一下"按钮,百度搜索引擎开始搜索词条文件类型为 ppt 且与"计算机网络"有关的信息,搜索显示结果如图 10-10 所示。如果要搜索 Word 文档,只要把"filetype ppt"修改成"filetype doc"即可。

图 10-10 使用百度搜索引擎进行搜索的结果

⑨在显示的"计算机网络"相关条目中,选择感兴趣条目并单击即可打开相关内容。

(三)Windows 邮件客户端配置和使用

(1)配置 Web 端邮箱

〖操作步骤〗

①启动浏览器,申请电子邮箱。用户可从"http://mail.163.com"、"http://mail.qq.com"、"http://mail.sina.com.cn"等网站申请免费电子邮箱。由于腾讯即时聊天软件(QQ)的流行,大多数用户都拥有一个或多个 QQ 号,此 QQ 号也就是用户的免费邮箱,具体邮箱地址形式为:QQ 号@qq.com。

②在 IE 浏览器中输入"mail.qq.com"并回车,打开 QQ 邮箱的首页,然后登录自己的 QQ 邮箱,如图 10-11 所示。

图 10-11　QQ 邮箱界面

③在邮箱首页中,单击"设置"按钮,打开"邮箱"设置页面,如图 10-12 所示。

图 10-12　QQ 邮箱设置界面

④单击"账户"|"POP3/IMAP/SMTP/…服务",勾选"开启服务:POP3/SMTP 服务",最后单击"保存更改"按钮并退出 QQ 邮箱。

注意:http://mail.163.com、http://mail.sina.com.cn 等邮箱不需要上述设置。

(2)Windows Outlook 使用

〖操作步骤〗

①单击"开始"|"Microsoft Outlook",打开 Outlook 工作主窗口,如图 10-13 所示。

图 10-13　Outlook 工作主界面

②单击"文件"即可进入账户信息界面,打开界面如图 10-14 所示。

图 10-14　Outlook 账户信息界面

③单击"添加账户"按钮,弹出如图 10-15 所示的"添加新账户"对话框,然后点击链接。

图 10-15　Outlook 添加用户界面

④在输入密码后即可自动添加邮箱。邮箱添加成功后点击"已完成"返回 Outlook 操作主界面。如图 10-16 所示,可自动获取邮箱内的历史邮件信息。

图 10-16　邮箱历史邮件信息

⑤使用 Outlook 发送和接收邮件,试着给自己发一封信。

➢　在 Outlook 工作主窗口中单击"开始"|"新建项目"|"新建电子邮件",打开如图 10-17 所示的"新建邮件"窗口。

图 10-17　新建邮件

➢　依次输入收件人、抄送、主题等项目,在内容栏中输入"我会使用 Outlook 了"。在内容栏中,也可像在 Word 中那样进行编辑,在此不再详述。单击"附加文件"按钮,在弹出的"插入文件"对话框中选择要插入的附件,也可将插入的附件(文件)直接拖至"附件"框中。

➢　内容和附件准备就绪后,单击"邮件"窗口左上方的"发送"按钮,Outlook 会将邮件发送出去,同时邮件保存在该账户的"发件箱"里。

➢　单击"文件"|"另存为",可将当前建立的邮件以文件(＊.msg)的形式进行保存,以便将来再次使用。

⑥接收邮件。单击 Outlook 工作主窗口中的"开始"|"发送/接收"|"发送/接收组",在弹出的下拉列表框中选择要接收邮件的账户,在其子菜单中选择"接收收件箱",弹出如

图 10-18 所示的"Outlook 发送/接收进度"对话框。

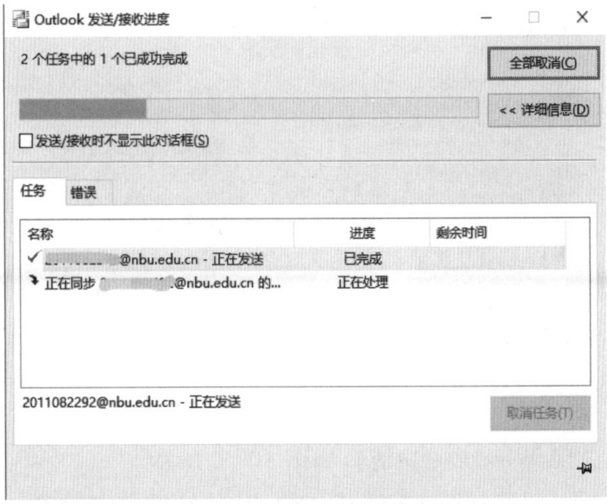

图 10-18　"Outlook 发送/接收进度"对话框

单击"全部取消"按钮中断接收,只接收部分邮件,否则将接收全部邮件,这个过程可能会较长。

⑦查看邮件。

➢ 在 Outlook 工作主窗口的导航栏中,单击某账户前的"折叠"按钮,展开该账户的邮件管理结构。单击"收件箱"图标,该账户接收的邮件将显示在中部的邮件列表框中。

➢ 单击某一邮件,邮件内容显示在右侧的邮件内容查看框中(或者双击某一邮件,系统将弹出"邮件"查看窗口并显示邮件的内容)。

➢ 双击右侧的某一附件,可以查看附件的内容。如果右击某一附件,在弹出的快捷菜单中可以选择"预览"、"打开"、"另存为"、"保存所有附件"和"删除附件"等。

如果要对邮件中的附件进行处理,也可使用 Outlook 系统主选项卡中的"附件工具/附件"选项卡中的相关操作。

⑧回复和转发。打开收件箱阅读完邮件之后,可以直接回复发信人。单击 Outlook 主窗口"开始"|"响应"|"答复"或"全部答复",即可撰写回复内容并发送。如果要将信件转给第三方,则单击"转发"按钮,显示转发邮件窗口,此时邮件的标题和内容已经存在,只需填写第三方收件人的地址即可。

(四)FTP 配置和使用

(1)Windows 10 启动 IIS 服务

〖操作步骤〗

①默认情况下,Windows 10 未启用 IIS。为了使用 FTP,需要启用 IIS 服务。单击"开始(▦)"|"Windows 系统"|"控制面板",打开如图 10-19 所示的控制面板窗口。紧接着,单击"程序"。

图 10-19　点击程序

②单击"启用或关闭 Windows 功能",如图 10-20 所示。

③在弹出的窗口中,勾选如图 10-21 所示的选项,然后点击确定。至此,IIS 服务启用完毕。

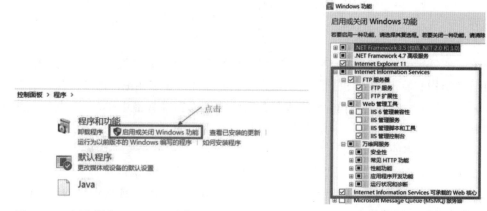

图 10-20　启用/关闭 Windows 功能

图 10-21　Windows 功能选择

(2)Windows 10 搭建 FTP

〖操作步骤〗

①打开 IIS。在 Windows 搜索框(单击"🔍"图标会出现搜索框)中输入 IIS,可以看到 IIS 管理器,单击该应用即可打开 IIS 管理器,如图 10-22 所示。

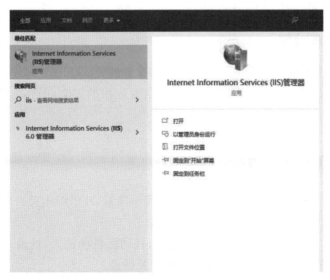

图 10-22　打开 IIS 管理器

②右击"网站",选择"添加 FTP 站点"即可对 FTP 站点进行添加。添加时为 FTP 取一个合适的名称,并且为其配置一个物理路径(自定义的名称和自定义的路径),具体配置如图 10-23 所示。

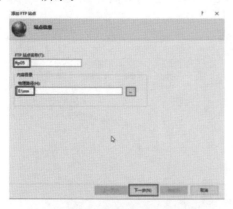

图 10-23　添加 FTP 站点信息图

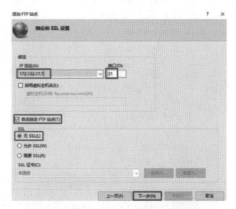

图 10-24　绑定和 SSL 设置

③绑定和设置 SSL,如图 10-24 所示。根据要求输入 IP 地址,IP 地址为本机当前正在使用的 IPv4 地址,不知道的可以在 DOS 窗口中输入 ipconfig 命令查看。

④身份验证和授权信息输入,具体设置如图 10-25 所示。

至此,FTP 服务器搭建完成。这时可以打开"我的电脑",在地址栏输入上面的 IP 地址进行测试,如 ftp://172.132.17.7。如果无法访问,请检查 Windows 防火墙是否正确设置,具

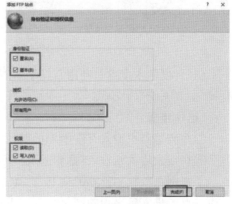

图 10-25　身份验证和授权信息

体请看本实验的拓展练习。

(五)网络信息检索

(1)使用搜索引擎查找所需信息。利用百度搜索引擎,以"推荐系统"为关键词查找相关资料,编辑一篇有关网络推荐系统的概念、算法及应用的短文,保存为 word 文档"推荐系统.docx"。

〖操作步骤〗

①打开一款 WWW 浏览器(如 IE 浏览器,谷歌浏览器),在其地址栏输入百度的网址:www.baidu.com,回车后打开百度搜索引擎。

②关键词检索:根据任务输入关键词,进行简单搜索,并组织相关内容整理短文,并按要求保存文件。

(2)地图搜索。小明想从宁波大学到宁波栎社国际机场接人,请通过百度地图,帮助他找到乘坐地铁、公交或自驾不同出行路线的相关信息。

〖操作步骤〗

①在浏览器中输入百度地图的网址:map.baidu.com,打开百度地图搜索。

②在搜索输入栏输入:从宁波大学到宁波栎社国际机场,可得到如图 10-26 的搜索结果。通过选择交通工具,得到不同的出行信息,包括路线、出行时间、总里程等。

图 10-26 利用百度地图搜索

(3)百度学术搜索。利用百度学术查找国内重要期刊(如《软件学报》)上最近发表的有关"推荐系统"的文献。

〖操作步骤〗

①在浏览器中输入百度学术的网址:xueshu.baidu.com,打开百度学术网站。

②在搜索输入栏输入:推荐系统。

③在网页上找到推荐的期刊,选择需要的期刊;再找到排序列表,选择"按时间降序"。可通过点击进入感兴趣的网页。尝试下载相关文献。

（4）科学引文检索。利用所在学校的数字图书馆，进入 CNKI（知网）校园镜像站点，下载有关"推荐系统"的硕士或博士学位论文 1 篇。

〖操作步骤〗

这里以宁波大学数字图书馆为例。

①进入校园数字图书馆，找到学校图书馆网页所提供的数据库，如图 10-27 所示。

图 10-27　利用校园数字图书馆检索文献

②点击进入"CNKI 系列数据库"。在搜索输入栏输入关键词：推荐系统。找到相关的硕士或博士学位论文并尝试下载。

四、拓展练习

（一）网络常用命令

（1）使用快捷键"Win（⊞）＋R"或单击桌面左下角的"🔍"按钮，然后在"搜索程序和文件"文本框中输入"cmd"并回车，即可打开终端运行界面，如图 10-28 所示。

图 10-28　打开命令行终端

(2)通过 ipconfig 命令查看任务 1 中配置的 IP 地址是否已生效,如图 10-29 所示。如果想知道更多的信息,可以用 ipconfig /all 命令。如果想了解 ipconfig 更多的功能,可以通过 ipconfig /? 命令来查看。

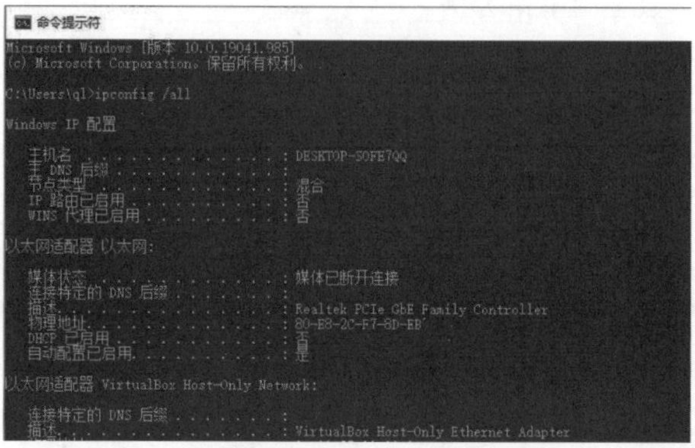

图 10-29 查看本机 IP 地址信息

(3)查看 IP 地址设置(假设地址为 192.168.1.110),输入 ping 192.168.1.110,测试配置的机器之间是否网络连通,如图 10-30 所示,图的上部表示本机与 192.168.1.110 主机之间网络是连通的,图的下部表示本机与 192.168.1.120 主机之间没有连通。想知道更多 ping 命令的参数,可以输入 ping /? 查看。

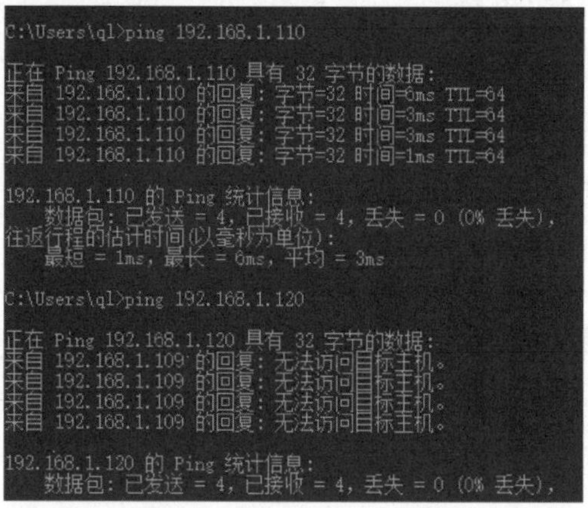

图 10-30 查看 ping 命令结果

(4)通过 ARP 命令,我们能够确定对应 IP 地址的网卡物理地址。

①arp -a:使用 arp -a 命令查看当前电脑所缓存的 mac 地址和 ip 地址对应表。如图 10-31 所示。图中类型为静态是指该条目一直保留在 ARP 缓存中,意思是永久生效。但不同的操作系统中,静态条目的保存方式是不同的。例如,在 Windows XP 系统中,重新启动计算机后该条目失效。而动态条目则是随时间推移自动添加和删除。

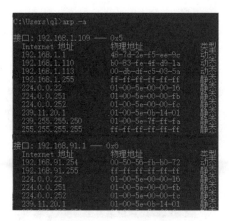

图 10-31　arp -a 命令运行结果

②arp -d ＊命令用于清空本地 ARP 缓存表,运行该命令时提示"ARP 项删除失败:请求的操作需要提升"是由于权限不够,可以通过"Windows PowerShell(管理员)(A)"使用管理员权限运行该命令,具体打开方式为右键单击桌面后左下角的"⊞"Windows 图标,出现选项后选择"Windows PowerShell(管理员)(A)",即可打开管理员命令行工具,如图 10-32 所示。运行该命令后再运行 arp -a 命令观察本地 ARP 缓存表变化。

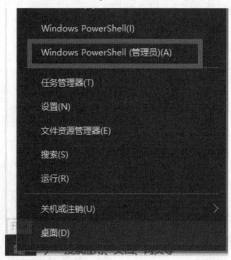

图 10-32　打开"Windows PowerShell(管理员)(A)"

③arp -s InetAddrEtherAddr[IfaceAddr]:向 ARP 缓存添加可将 IP 地址 InetAddr 解析成物理地址 EtherAddr 的静态项。要向指定接口的表添加静态 ARP 缓存项,请使用 IfaceAddr 参数,此处的 IfaceAddr 代表指派给该接口的 IP 地址。

(5)nslookup 用于查询 DNS 的记录,查询域名解析是否正常,在网络故障时用来诊断网络问题。

①nslookup www.163.com:使用命令 nslookup www.163.com 直接查询 www.163.com 域名信息,结果如图 10-33 所示。在查询的时候加上-d 即可查询域名的缓存。

图 10-33　nslookup 查询域名信息

在返回信息中，服务器指的是本机 DNS 服务器信息。非权威应答即 Non-authoritative answer，除非实际存储 DNS Server 中获得域名解析回答的，都称为非权威应答，也就是从缓存中获取域名解析结果。address 指的是目标域名所对应物理 IP，aliase 指目标域名。

②nslookup -qt＝type domain [dns-server]：使用该命令能够查询指定信息。其中 type 可取值范围如图 10-34 所示。例如运行 nslookup -qt＝CNAME www.163.com 可查看 www.163.com 的别名记录，如图 10-35 所示。

图 10-34　type 取值范围　　　　图 10-35　type 取值范围

(二)不同主机之间 FTP 相互访问

注意：如果要使用另一台电脑进行连接，则需要将两台电脑连在同一个局域网下，并且关闭作为 ftp 服务器主机的防火墙。

具体做法如下：

"开始(⊞)"|"Windows 系统"|"控制面板"|"系统和安全"|"Windows Defender 防火墙"，并点击允许"应用或功能通过 Windows Defender 防火墙"进行设置。如图 10-36

所示。

图 10-36　设置防火墙

点击"更改设置",将 FTP 服务器前面的对勾打上,将后面的专用和共用的对勾也打上。具体勾选情况如图 10-37 所示。

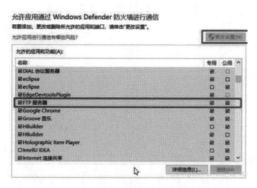

图 10-37　配置防火墙规则

根据目前电脑所用的网络是公用网络或者专用网络关闭相应的防火墙,即可通过另一台电脑访问你主机上的 FTP 了,请试着在地址栏输入服务端 IP 地址进行测试,例如 ftp://172.132.17.7。

五、讨论与思考

(1)ping 命令的原理是什么?

(2)Windows 10 中当前电脑所缓存的 MAC 地址和 IP 地址对应表静态条目在重启后是否还存在?

(3)简述 FTP 协议的主要内容?

(4)防火墙在 Windows 系统中扮演一个怎样的角色,有哪些功能?

(5)利用校园图书馆的数据库资源,查找一篇最近发表的有关"推荐系统"的英文 SCI 期刊文献。

实验 11　Access 数据库表的建立和维护

一、实验目的与实验要求

(1)熟悉数据库中的主要对象表,以及掌握如何创建表。

(2)一个有意义的表必须定义其相关属性,通过本次实验掌握表字段属性的设计。

(3)熟练掌握数据库中表记录的操作。

(4)一个数据库中可包含多个表,需要创建表之间联系,通过本实验掌握建立表间联系的方法。

二、相关知识

(一)基本概念

数据库(DataBase,DB)是存储在计算机设备上,结构化的相关数据的集合,包括描述事物的数据本身和相关事物之间的联系。数据库中的数据面向多种应用,可以被多个用户或者多个应用程序共享,它的结构是独立于应用程序的。

数据库管理系统(DataBase Management System,DBMS)是指负责数据库存取、维护、管理的系统软件,是位于用户与操作系统之间的教学管理软件。DBMS 提供对数据库中的数据资源进行统一管理和控制的功能,将用户应用程序与数据库数据相互隔离。它是数据库系统的核心,其功能的强弱是衡量数据库系统性能优劣的主要指标。

数据库系统(DataBase System,DBS)是指引进数据库技术后的计算机系统,能实现有组织地、动态地存储大量相关数据,并提供数据处理和信息资源共享的便利手段。数据库系统由计算机硬件、数据库管理系统、数据库、应用程序和用户五部分组成。

对于数据库的数据增删、修改、检索等操作是由 DBMS 进行统一管理和控制的。

(二)Access 数据库

Microsoft Access 2019 采用数据库方式,在一个单一的.accdb 文件中包含应用系统中所有的数据对象(包括数据表对象和查询对象),及其所有的数据操作对象(包括窗体对象、报表对象等)。不同的数据库对象在数据库中起着不同的作用。

(三)表

用 Access 来管理数据,首先要将数据放在 Access 的表中。如果要处理的数据已经存放在其他的数据库中,则可以采用导入的方式取得;如果数据还在纸上或无法导入,则首先要构造存放数据的表。一个 Access 数据库中可以包含多个表,一个表对象通常是一个关于特定主题的数据集合,每一个表在数据库中通常具有不同的用途,最好为数据库的每个主题都建立不同的表,以提高数据库的效率,减少输入数据的错误率。

一个表由表结构和记录两部分构成,创建表时要设计表结构和输入记录。表结构是指数据表的框架,也称为数据表的属性,主要包括字段名称和数据类型。

(四)数据的录入和维护

在数据库中创建完成相应的数据表对象以后,就可以在这些表中进行插入数据、修改数据、删除数据、计算数据等一系列的操作,这些操作统称为针对表中数据的操作。对表中数据所进行的所有操作都在数据表视图中进行。

(五)表间关联

要在 Access 2019 管理和使用多表中的数据,就应建立表与表之间的关系,只有这样才能将不同表中的相关数据联系起来,才能为创建查询、窗体或报表打下良好的基础。

通常在一个数据库的两个表中使用了共同字段,就可以为这两个表建立一个关联,通过表间关联就可以指出一个表中的数据与另一个表中数据的相关联系方式。常见的表间关联有三种:一对一联系、一对多联系和多对多联系。

(六)表复制、删除与更名

Access 2019 数据表是属于数据库中的基本对象,如同 Windows 操作系统的文件是其中的对象一样,可以对其实施相应的对象操作,主要包含:复制表、删除表和表更名。

三、实验内容与操作步骤

(一)创建"教学管理"数据库

创建数
据库

【要求】

在 D 盘学号文件夹下创建"教学管理"空数据库。

【操作步骤】

①单击桌面 Access 快捷图标,或者选择菜单"开始"|"Access",又或者选择菜单任务栏 🔎,搜索内容输入:Access,找到 Access 应用程序,单击启动 Access 2019。

②选择"空白数据库"选项,打开"空白数据库"对话框,如图 11-1 所示。

③在"文件名"文本框中输入数据库的文件名"教学管理"。文件名下显示的是默认的

存储路径,单击该文本框右侧的"浏览到某个位置来存放数据库"按钮 ██ 。

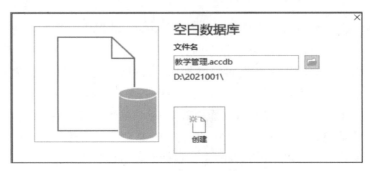

图 11-1 空白数据库创建

④弹出的"文件新建数据库"对话框中,选定数据库文件的存储位置("D:\××\"(××用学号替代)),同时指定数据库的文件名为"教学管理",单击"确定"按钮,返回原窗口。

⑤单击"创建"命令按钮,即进入数据库窗口,"教学管理"空 Access 数据库创建成功,同时进入"表1"表新建状态,如图 11-2 所示。

图 11-2 "表1"表新建

⑥单击窗口右上角"关闭"按钮 ██ ,退出 Access 应用程序。或者选择"文件"|"关闭数据库"来关闭数据库。这里"表1"表没有被保存。

(二)利用表设计视图创建表

〖要求 1〗

在"教学管理"数据库中新建"学院"表,其表结构如表 11-1 所示,表记录如图 11-3 所示。

〖操作步骤〗

表 11-1 "学院"表结构

字段名称	字段类型	字段大小	主键否
学院号	短文本	3	是
学院名	短文本	30	

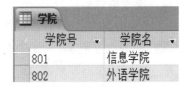

图 11-3 "学院"表记录

①打开 Access 应用程序,在"最近使用的文档"中找到"教学管理.accdb",或者使用"打开其他文件",打开数据库"教学管理"。也可以我的电脑中找到"教学管理.accdb"文件,双击打开。如果出现"安全警告部分活动内容已被禁用。单击此处了解详细信息"信息框,单击"启用内容"按钮。

②选择菜单"创建"|"表设计",进入表设计视图,如图 11-4 所示,即进入数据表的设计视图,也就是表结构定义窗口。

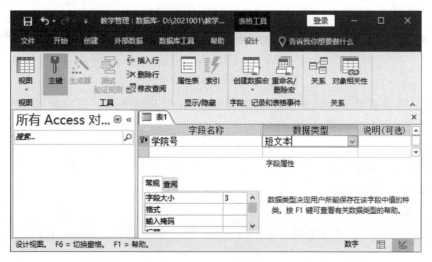

图 11-4　"学院"表的设计视图

③按照表 11-1"学院"表结构内容设计表结构,输入各字段,并设置相应的属性。以输入"学院号"字段为例具体如下。

- 光标定位在"字段名称"列下的对应行中,输入"学院号"文字;
- 在"数据类型"列下的对应行中单击,在出现的下拉列表框中选择数据类型为"短文本";

在"常规"选项卡的"字段大小"文本框中输入 3;

- 单击字段"学院号"一行的任意处,单击菜单"表格工具设计"|"工具"组"主键"按钮,"学院号"的左边即多了个"钥匙"标记,如图 11-4 所示,说明已设置主键。

④单击"学院号"下面的一行,依次输入其他字段,并进行相关属性设置。

⑤所有字段输入完毕后,单击"保存"按钮🖫,出现"另存为"对话框,在"表名称"文本框中输入"学院",单击"确定"按钮。至此,"学院"表结构创建完毕,关闭表设计视图。

⑥双击数据库窗口表对象中新建的"学院"表名,出现学院的数据表视图,如图 11-5 所示。按图 11-3 所示的内容输入表数据记录。

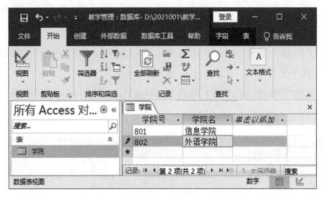

图 11-5　"学院"表的数据表视图

⑦输入完毕后单击学院窗口右边的"关闭"学院""按钮关闭学院的数据表视图窗口，Access 会自动保存表记录。

〖要求 2〗

按照"学院"表的创建方法，创建其他表。当然也可以利用教师提供的 Excel 表导入到"教学管理"数据库，请参照下一步"(三)导入 Excel 表"操作。

〖操作步骤〗

①创建"班级"表，其表结构如表 11-2 所示，表记录内容如图 11-6 所示。

表 11-2　"班级"表结构

字段名称	字段类型	字段大小	主键否
班级号	短文本	8	是
班级名	短文本	30	
学院号	短文本	3	

班级		
班级号	班级名	学院号
21801001	信息211	801
21801002	信息212	801
21802001	英语211	802
21802002	英语212	802

图 11-6　"班级"表

②创建"教师"表，其表结构如表 11-3 所示，表记录内容如图 11-7 所示。

表 11-3　"教师"表结构

字段名称	字段类型	字段大小	主键否
教师号	短文本	6	是
教师名	短文本	8	
学院号	短文本	3	
联系电话	短文本	11	

教师			
教师号	教师名	学院号	联系电话
801001	刘海	801	87600555
801002	方小波	801	87600666
802001	尹尚名	802	87600777
802002	张房程	802	87600888

图 11-7　"教师"表

③创建"课程"表，其表结构如表 11-4 所示，表记录内容如图 11-8 所示。

表 11-4　"课程"表结构

字段名称	字段类型	字段大小	主键否
课程号	短文本	9	是
课程名	短文本	30	
学分	数字	整型	
教师号	短文本	6	

课程			
课程号	课程名	学分	教师号
801001001	大学计算机基	2	801001
801001002	高级语言程序	3	801002
802001001	大学英语三	3	802001
802001002	大学英语四	4	802002

图 11-8　"课程"表

④创建"选课"表,其表结构如表 11-5 所示,表记录内容如图 11-9 所示

表 11-5　"选课"表结构

字段名称	字段类型	字段大小	主键否
课程号	短文本	9	
学号	短文本	10	
成绩	数字	单精度型	

选课		
课程号	学号	成绩
801001001	2180100201	88
801001001	2180100202	90
801001002	2180100101	65
801001002	2180100102	68
802001002	2180100101	76
802001002	2180100102	86
801001002	2180100201	60
801001002	2180100202	56

图 11-9　"课程"表

⑤创建"学生"表,其表结构如表 11-6 所示,表记录内容如图 11-10 所示。

表 11-6　"学生"表结构

字段名称	字段类型	字段大小	主键否
学号	短文本	10	是
姓名	短文本	8	
性别	短文本	1	
出生日期	日期/时间	短日期	
班级号	短文本	8	
电话	短文本	11	

学生					
学号	姓名	性别	出生日期	班级号	电话
2180100101	李杰	男	2002/11/1	21801001	600601
2180100102	孙文斌	男	2003/5/11	21801001	600602
2180100201	王涛	男	2002/9/22	21801002	600301
2180100202	方晓悦	男	2002/10/6	21801002	600302
2180200101	王芳	女	2003/1/8	21802001	600401
2180200102	金喜	男	2003/2/3	21802001	600402
2180200201	叶小徽	女	2002/4/12	21802002	600501
2180200202	江露	女	2002/6/3	21802002	600502

图 11-10　"学生"表

(三)导入 Excel 表

【要求】

已经有"班级"表、"学生"表、"选课"表和"课程"表等 Excel 表资料,请导入到 Access 教学管理数据库中,并修改其表结构。

【操作步骤】

下面以导入"学生"表为例,介绍如何将教师提供的 Excel 表导入到"教学管理"数据库中。操作步骤如下:

①下载并解压缩教师提供的资料到学号文件夹下。

②打开"教学管理"数据库,选择菜单"外部数据"|"导入并链接"组的"新数据源"|"从文件"|"Excel",弹出"获取外部数据-Excel 电子表格"对话框。单击"浏览"按钮,在弹出

的"打开"对话框中找到要导入文件的位置,如图 11-11 所示,再选择要导入的表"学生.xlsx",单击"打开"按钮后,返回原对话框。

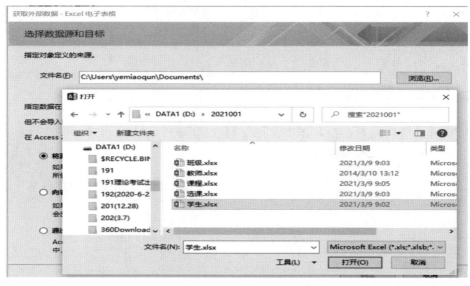

图 11-11　导入 Excel 表到数据库

③指定所导入数据的存储方式,选中"将源数据导入当前数据库的新表中",单击"确定"按钮。

④出现"导入数据表向导－请选择合适的工作表或区域"对话框,单击"下一步"按钮。

⑤出现"导入数据表向导－请确定指定的第一行是否包含列标题"对话框,如果提供的 Excel 表第一行是标题,则选中"第一行包含列标题"复选框,如图 11-12 所示,单击"下一步"按钮。

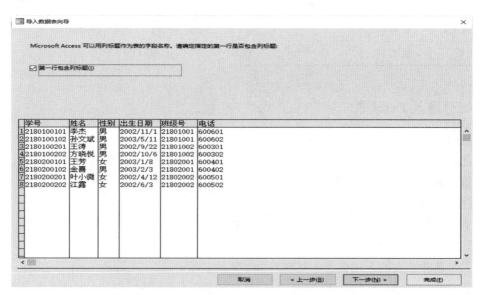

图 11-12　导入数据表向导－列标题选择

⑥出现"导入数据表向导－字段选项"对话框,可以指定导入字段的数据类型,一般使用默认设置即可,单击"下一步"按钮。

⑦出现"导入数据表向导－主键选择"对话框,选中"我自己选择主键"单项按钮,并在其右边的下拉列表框中选择"学号",如图 11-13 所示,单击"下一步"按钮。

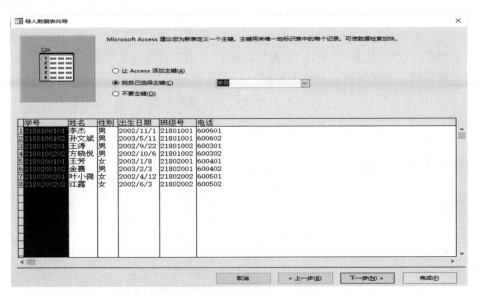

图 11-13　导入数据表向导—主键选择

⑧出现"导入数据表向导－导入到表"对话框,设置导入的表名字为"学生",单击"完成"按钮。再单击"关闭"按钮,导入成功。

⑨在数据库窗口中,右击刚导入的"学生"表对象,在弹出的快捷菜单中选择"设计视图"。

⑩进入表的设计视图,根据表 11.6 的表结构修改表的字段大小和格式等。

⑪修改完毕,关闭设计视图窗口,弹出"是否保存对表'学生'的设计的更改?"信息框,单击"是"按钮。出现"有些数据可能已丢失"信息框,单击"是"按钮。至此"学生"表处理完毕。

⑫其他表的导入方法类似,不过要注意"选课"表是没有主键的。

⑬导入所有表后,务必要按照表 11.2、表 11.3、表 11.4、表 11.5 分别修改表的结构,否则会影响到之后实验操作,重新返工会非常麻烦。表结构修改完成后及时关闭并保存表。

(四)建立表间联系

〖要求 1〗
为"班级"表和"学生"表建立联系,并要求实施参照完整性。

〖操作步骤〗
①单击"数据库工具"|"关系"按钮,出现关系设计视图和"显示表"对话框,如图 11-14

所示。

②因为在之后的操作中要用到教学管理数据库中所建立的所有表,这里将 6 个表都添加进来,可按住"Ctrl"键的同时,分别单击选中各表,再单击"添加"按钮,即可将 6 个表添加到关系设计视图中,关闭"显示表"对话框。

③将光标指向"班级"表中的关联字段"班级号",按住鼠标左键将其拖曳至"学生"表的关联字段"班级号"上放开鼠标左键,就会弹出"编辑关系"对话框,如图 11-15 所示,选中"实施参照完整性"复选框,单击"创建"按钮,即可创建一对多的关系,并回到了关系窗口,可以看到两个表之间有一根线连接着。

④此时试图在"学生"表中将其中一记录的班级号修改成"班级"表中没有出现过的班级号是不允许的。比如打开"学生"表,将"李杰"同学的班级号改成:888,你会发现根本就保存不了,因为"班级"表中没有 888 这个班级号,不符合参照完整性要求。

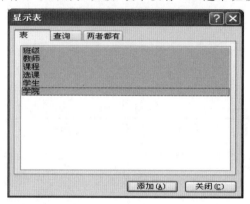

图 11-14　显示表

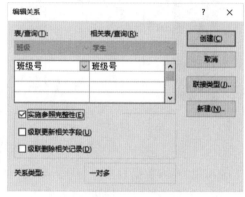

图 11-15 编辑关系

【要求 2】

为"学生"表和"选课"表、"课程"表和"选课"表、"课程"表和"教师"表、"教师"表和"学院"表、"班级"表和"学院"建立联系,所有联系要求实施参照完整性。

【操作步骤】

①建立"学生"表和"选课"表之间的关联,关联字段为"学号"。

②建立"课程"表和"选课"表之间的关联,关联字段为"课程号"。

③建立"课程"表和"教师"表之间的关联,关联字段为"教师号"。

④建立"教师"表和"学院"表之间的关联,关联字段为"学院号"。

⑤建立"班级"表和"学院"表之间的关联,关联字段为"学院号"。至此,六张表的表间关联已建立,其关系设计视图如图 11-16 所示。

⑥双击"班级"表和"学生"表之间的连线,编辑其关系,使两者不能满足参照完整性,取消复选框"实施参照完整性",再观察关系窗口,可以发现连线有些变化。比较完毕后,再恢复成原样。关闭关系窗口,保存关系布局的更改。

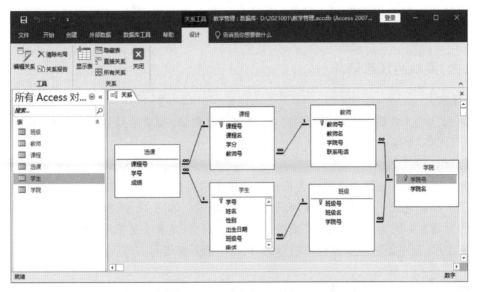

图 11-16　表关系视图

(五)设计视图中修改表结构

〚要求〛

修改"学生"表结构如下：

①将"姓名"字段的字段大小改为 12。

②在字段最后添加一个新的字段：字段名称为"是否团员"、数据类型为"是/否"。

③"性别"字段的有效性规则设置为只能输入男或者女，如果输入其他字符请提示"只能输入男或女"。同时默认值设置为"男"。

④设置"性别"字段的查阅属性，使性别字段输入可以通过组合框进行选择输入。

⑤将"电话"字段移到"是否团员"字段之后。

修改表
结构

〚操作步骤〛

①只要右击数据库窗口的表对象中的"学生"表名，在弹出的快捷菜单中选择"设计视图"，即可进入表的设计视图修改表的结构，将姓名字段大小改为 12，添加"是否团员"字段。

②设置"性别"字段的验证规则输入"男"Or"女"，注意要用英文标点符号，有效性文本输入"只能输入男或女"，如图 11-17 所示，默认值设置为"男"。

③要设置"性别"字段查阅属性，单击图 11-17 中"常规"右边的"查阅"，将"显示控件"设置为"组合框"，将"行来源类型"设置为"值列表"，然后在"行来源"处输入男；女(请注意中间是英文分号)即可。

学生	
字段名称	数据类型
学号	短文本
姓名	短文本
性别	短文本
出生日期	日期/时间
班级号	短文本
电话	短文本
是否团员	是/否

常规　查阅	
字段大小	1
格式	@
输入掩码	
标题	
默认值	"男"
验证规则	"男"Or"女"
验证文本	只能输入男或女
必需	否

图 11-17　性别常规属性设置

④单击选中"电话"这一行，只要拖动字段名称左边方块标记 ▢ 到"是否团员"下面一行，即可完成移动操作。

(六)添加和修改记录

【要求】

进入"学生"表数据表视图，添加一条读者信息记录，要求学号和姓名真实；为新增加的"是否团员"字段设置内容。

【操作步骤】

性别采用前面一题完成的组合框选择。每个学生性别字段下拉可以选择男或者女。如果显示有误，说明是上一步的查阅属性设置有问题。如图 11-18 所示，"是否团员"字段设置内容随意。因为"学生"表和"班级"表做了表联系，要求满足参照完整性要求，公用字段为班级号，这里不能随意添加班级号的，可以不输入班级号。

	学号	姓名	性别	出生日期	班级号	是否团员	电话
⊞	2180100101	李杰	男	2002/11/1	21801001	☑	600601
⊞	2180100102	孙文斌	男	2003/5/11	21801001	☑	600602
⊞	2180100201	王涛	男	2002/9/22	21801002	☑	600301
⊞	2180100202	方晓悦	男	2002/10/6	21801002	☑	600302
⊞	2180200101	王芳	女	2003/1/8	21802001	☑	600401
⊞	2180200102	金喜	男	2003/2/3	21802001	☐	600402
⊞	2180200201	叶小微	女	2002/4/12	21802002	☑	600501
⊞	2180200202	江露	女	2002/6/3	21802002	☑	600502
⊞	2021001	张三	▼			☐	
*			男 女			☐	

图 11-18　学生数据表视图修改记录

(七)复制、修改表

【要求 1】

复制"学生"表，将新表命名为"student"。

【操作步骤】

①只要右击导航窗格中的"学生"表名，在弹出的快捷菜单中选择"复制"。

②右击导航窗格表对象下的空白区域，在弹出的快捷菜单中选择"粘贴"。

③出现"粘贴表方式"对话框，在"表名称"文本框中输入"student"，在"粘贴选项"区域中选中"结构和数据"单选按钮，如图 11-19 所示，单击"确定"按钮。

图 11-19　"粘贴表方式"对话框

〖要求 2〗

将"学生"表的"是否团员"字段删除。

〖操作步骤〗

进入"学生"表设计视图,右击"是否团员"行,在弹出的快捷菜单中选择"删除行"。

〖要求 3〗

将"student"表按"出生日期"字段降序排列,观察并保存该表。

〖操作步骤〗

双击"student"表,进入数据表视图,将光标放在"出生日期"列的任意位置,选择菜单"开始"|"排序和筛选"组的"降序"按钮 $\frac{Z}{A}\downarrow$,即可完成降序排列,单击"关闭"按钮,出现"是否保存对表'student'的设计的更改?"信息框,单击"是"按钮。

(八)排序

〖要求〗

将"学生"表先按"性别"字段升序排序,如果"性别"相同,则按"出生日期"字段降序排列。

〖操作步骤〗

①双击"学生"表,进入数据表视图。

②选择菜单"开始"|"排序和筛选"组的"高级筛选选项" 高级 ,在出现的菜单中选择"高级筛选/排序"出现"学生筛选 1"窗口。

③在"字段"所在行单击第一列,在出现的下拉列表框中选择"性别",单击第二列,在出现的下拉列表框中选择"出生日期"。

④在"排序"所在行单击第一列,在出现的下拉列表框中选择"升序",单击第二列,在出现的下拉列表框中选择"降序",设置如图 11-20 所示。

⑤单击"排序和筛选"组的"切换筛选"按钮 切换筛选 ,使设置的排序起作用,并保存结果。

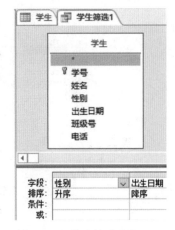

图 11-20　学生筛选 1 窗口

(九)筛选

【要求1】从"student"表中筛选出所有女同学。

【操作步骤】

①双击"student"表,进入数据表视图,选中"性别"列"女"文字,单击"排序和筛选"组的"选择"按钮 ，在弹出的菜单中选择"等于"女""即可完成操作,关闭窗口,保存设计的更改操作。

②双击"student"表,重新打开,发现筛选好像没有起作用,可单击"排序和筛选"组的"切换筛选"按钮 ，观察结果,应该可以筛选出女生,表示操作正确。

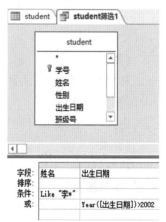

【要求2】

从"student"表中筛选出2002年以后出生或者姓"李"的同学。

【操作步骤】

①双击"student"表,进入数据表视图,选择菜单"开始"|"排序和筛选"组的"高级筛选选项" ，在出现的菜单中选择"高级筛选/排序",出现"student 筛选1"窗口

②先把原来的列删除,字段一行分别选择"姓名"和"出生日期"。

图 11-21　student 筛选窗口

③在"姓名"列"条件"行输入"Like "李＊"",表示筛选姓"李"的同学。

④在"出生日期"列"或"行输入"Year([出生日期])＞2002"。这里要注意,因为两个条件是"或者"条件,所以两个条件应该写在不同的条件行上,如图 11-21 所示。

⑤单击"切换筛选"按钮,数据表将显示2002年以后出生或者姓"李"的同学,如图 11-22 所示。

学号	姓名	性别	出生日期	班级号	是否团员	电话
2180100101	李杰	男	2002/11/1	21801001	☑	600601
2180100102	孙文斌	男	2003/5/11	21801001	☑	600602
2180200101	王芳	女	2003/1/8	21802001	☑	600401
2180200102	金喜	男	2003/2/3	21802001	☐	600402

图 11-22　student 筛选结果

【要求3】

从"选课"表中筛选出成绩大于等于85的同学,结果按学号升序排列。筛选结果如图11-23所示。

课程号	学号	成绩
802001002	2180100102	86
801001001	2180100201	88
801001001	2180100202	90

图 11-23　选课表筛选结果

〖操作步骤〗

略

四、讨论与思考

(1)在 Access 2019 中,数据类型主要包括哪些? 分析设计个人简历、出生日期、年龄、是否团员、学号、照片和个人主页等字段分别使用何种数据类型。

(2)在 Access 2019 中的排序和筛选操作与 Excel 中的操作有何异同点?

(3)在复制表操作时可以只复制表的结构吗? 具体如何操作?

实验 12　Access 查询、窗体和报表

一、实验目的与实验要求

(1)熟练掌握 Access 2019 中选择查询的创建方法及相应条件的设置。

(2)窗体是用户操作的界面,通过本实验熟练掌握创建不同窗体的方法。

(3)报表是应用程序的主要功能模块之一,通过本实验了解报表的创建方法。

(4)理解在 Access 2019 中 SQL 简单查询的应用。

二、相关知识

(一)查询

查询是关系数据库中的一个重要概念,查询对象不是数据的集合,而是操作的集合。查询的运行结果是一个动态数据集合,尽管从查询的运行视图上看到的数据集合形式与从数据表视图上看到的数据集合形式完全一样,也尽管在数据表视图中所能进行的各种操作几乎都能在查询的运行视图中完成,但无论它们在形式上是多么的相似,其实质是完全不同的。可以这样来理解,数据表是数据源之所在,而查询是针对数据源的操作命令,相当于程序。

SQL 是一种结构化查询语言,是数据库操作的工业化标准语言,使用 SQL 可以对任何的数据库管理系统进行操作。

(二)窗体

Access 2019 的窗体对象是操作数据库最主要的人机交互界面。无论是需要进行数据查看,还是需要对数据库中的数据进行追加、修改、删除等编辑操作,允许数据库应用系统的使用者直接在数据表视图中进行操作绝对是极不明智的选择。应该为这些操作需求设计相应的窗体,使得数据库应用系统的使用者针对数据库中数据所进行的任何操作均只能在窗体中进行。只有这样,数据库应用系统数据的安全性、功能的完善性以及操作的便捷性等一系列指标才能真正得以实现。

Access 2019 提供了多种类型的窗体,有纵栏式窗体、表格式窗体、数据表窗体、主/子窗体、图表窗体、数据透视表窗体和数据透视图窗体。

(三)报表

报表打印功能几乎是每一个信息系统都必需具备的功能,而 Access 2019 的报表对象就是提供这一功能的主要对象。报表提供了查看和打印数据信息的灵活方法,它具有其他数据库对象无法比拟的数据视图和分类能力。在报表中,数据可以被分组和排序,然后以分组次序显示数据;也可以把汇总值、计算的平均值或其他统计信息显示和打印出来。报表的数据来源与窗体相同,可以是已有的数据表、查询或者是新建的 SQL 语句。

Access 几乎能够创建用户所能想到的任何形式的报表。报表有四种类型:纵栏式报表、表格式报表、图表报表和标签报表。报表的视图主要有报表视图、打印预览、布局视图、设计视图。

三、实验内容与操作步骤

(一)选择查询

创建查询

〖要求〗

根据之前建立的“教学管理”数据库,按如下要求建立查询。

(1)“成绩大于 75”查询:

①查询输出字段:学号、姓名、班级名、课程名、成绩、教师名。

②查询结果按学号升序排序。

③查询满足条件:成绩大于 75。

(2)类似地,建立“成绩大于 85”查询:要求查询成绩大于 85 的学生记录查询。

〖操作步骤〗

①打开之前建立的“教学管理”数据库。选择菜单“创建”|“查询”组中的“查询设计”按钮,进入查询的设计视图,同时也弹出“显示表”对话框。

②分别双击“班级”、“学生”、“选课”、“课程”和“教师”表,将这 5 个表添加到查询设计视图中,关闭“显示表”对话框。

③分别单击选择“字段”行各字段:“学生”表中的“学号”和“姓名”;“班级”表中的“班级名”;“课程”表中的“课程名”;“选课”表中的“成绩”,“教师”表中的“教师名”。也可以从上方表中直接拖动相应字段过来。

④在“学号”字段下的“排序”一行选择“升序”,“成绩”字段下的“条件”一行输入“＞75”,注意“＞”符号使用英文标点符号,如图 12-1 所示。

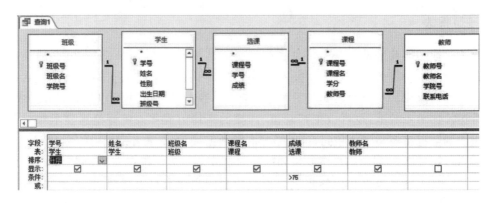

图 12-1　查询设计视图

⑤选择菜单"查询工具设计"|"结果"组中的"运行"按钮，或者右击查询 1 在弹出的菜单中选择"数据表视图"，切换到查询的数据表视图，查看查询运行结果，如图 12-2 所示。

图 12-2　查询的数据表视图

⑥如果结果不符合要求，则右击查询 1，在弹出的菜单中选择"设计视图"，重新进入查询设计视图进行修改。

⑦如果符合结果要求，则单击"关闭"按钮，此时会出现"是否保存对查询'查询 1'的设计的更改？"信息框，单击"是"按钮。出现"另存为"对话框，在"查询名称"文本框中输入查询名称"成绩大于 75"，单击"确定"按钮，保存完毕，回到数据库窗口。

⑧一个名为"成绩大于 75"的查询就建好了。选择导航窗格的顶端"所有 Access 对象"下拉按钮，"浏览类别"选"对象类型"，"按组筛选"选"所有 Access 对象"，可以发现多了一个"成绩大于 75"查询，双击该查询可运行查询。

⑨右击"成绩大于 75"查询，在弹出的菜单中选择"设计视图"，进入查询设计视图。选择菜单"查询工具设计"|"结果"组中的"视图"|"SQL 视图"，进入 SQL 视图，如图12-3 所示。

```
成绩大于75                                                    ×
SELECT 学生.学号, 学生.姓名, 班级.班级名, 课程.课程名, 选课.成绩, 教师.教师名
FROM (班级 INNER JOIN 学生 ON 班级.班级号 = 学生.班级号) INNER JOIN ((教师
INNER JOIN 课程 ON 教师.教师号 = 课程.教师号) INNER JOIN 选课 ON 课程.课程号 =
选课.课程号) ON 学生.学号 = 选课.学号
WHERE (((选课.成绩)>75))
ORDER BY 学生.学号;
                                            数字    SQL
```

图 12-3　SQL 视图

⑩观察该选择查询自动生成的 SQL 语句,修改 SQL 语句中"WHERE((选课.成绩)>75)"部分,完成查询成绩大于 85 的学生记录,修改后,使用菜单"文件"|"另存为",选择"对象另存为"项,再单击"另存为"按钮,出现"另存为"对话框,将其保存为"成绩大于 85"查询,双击并运行该查询。

(二)参数查询

〖要求〗

建立参数查询"根据姓名查询",要求先输入学生的姓名,之后再显示该学生的学号、姓名、性别、班级号、班级名。

〖操作步骤〗

①"教学管理"数据库中,选择菜单"创建"|"查询"组中的"查询设计"按钮,打开查询设计视图,添加"学生"表和"班级"表,添加要显示的字段。在姓名字段列,条件行输入:[请输入姓名:],其设计视图如图 12-4 所示,保存查询为"根据姓名查询"。

②运行该参数查询,会出现"输入参数值"对话框,输入"王涛",如图 12-5 所示,按"确定"按钮,应该只出现该同学的信息。

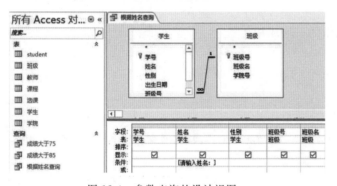

图 12-4　参数查询的设计视图

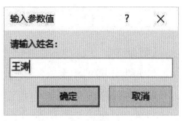

图 12-5　输入参数值

(三)汇总查询

〖要求〗

(1)利用"课程"表和"选课"表,创建"课程平均成绩"查询:要求查询课程名和该课程的平均成绩,并将结果按平均成绩升序排列。结果如图 12-6 所示。

(2)利用"学生"表和"选课"表,创建"同学平均成绩"查询:要求查询学号、姓名和该同学的平均成绩,并将结果按平均成绩降序排列。结果如图 12-7 所示。创建完成后,进入 SQL 视图,观察并记录其 SQL 语句。

图 12-6　课程平均成绩结果　　　　　　　　图 12-7　同学平均成绩结果

〖操作步骤〗

①新建选择查询，其设计视图如图 12-8 所示。

②右击查询设计视图下半部分网格区，在弹出的菜单中选择"汇总"菜单项，网格区就会多了"总计"一行。

③字段"课程名"列"总计"行选择"Group By"，表示按课程名分组，也就是按每门课程计算。

④"成绩"列"总计"行选择"平均值"。"成绩"列"排序"行选择"升序"

⑤运行查询可以求出课程平均成绩，保存"课程平均成绩"查询。

用类似方法可以查询每位同学的平均成绩。

（四）窗体设计

图 12-8　课程平均成绩查询设计

〖要求 1〗

(1)利用"学生"表，建立"学生"自动窗体。

(2)运行该窗体添加一条记录：学号"2180200203"，姓名"李芳"，性别"女"，班级号"21802002"，课程号"801001001"，成绩"88"。

〖操作步骤〗

①在"教学管理"数据库中，在导航窗格的表对象下，单击"学生"表，选择菜单"创建"｜"窗体"组的"窗体"按钮，出现"学生"窗体预览图，如图 12-9 所示，此时窗体显示的是布局视图，相当于编辑设计状态。

②单击"保存"按钮📁，弹出的"另存为"对话框中，输入窗体名称为"学生"保存。关闭该窗体。

③观察导航窗格的"窗体"项下，可以发现多了一个"学生"窗体。双击运行"学生"窗体，此时窗体显示的是窗体视图，相当于运行结果状态。

创建窗体

图 12-9　"学生"窗体

④"学生"窗体中,单击最下面一行的 记录 |◄ 第1项(共9项) ▶ ▶| ▶* "新(空白)记录"按钮
▶*,窗体中添加了一条空白记录。

⑤输入以下记录内容:学号－"2180200203",姓名－"李芳",性别－"女",班级号－
"21802002";在新增加记录的窗体内嵌表内输入课程号为"801001001",成绩为"88"。关
闭"学生"窗体。

⑥观察"学生"表和"选课"表相应的记录是否已经添加。

〖要求 2〗

(1)使用窗体向导创建基于"成绩大于 85"查询数据源的窗体,命名为"成绩大于 85
窗体"。

(2)修改窗体设计:将其中学号和姓名显示为红色、字号 12、加粗、倾斜;并在窗体右
上角加上你的姓名。

(3)运行窗体,修改数据:"李芳"同学"大学计算机基础"的成绩为"66"。

〖操作步骤〗

①打开"教学管理"数据库,在导航窗格的查询对象下,单击"成绩大于 85"查询。单
击菜单"创建"|"窗体"组的"窗体向导"按钮,打开"窗体向导"对话框。

②在"表/查询"下拉列表框中选择"查询:成绩大于 85",单击"全选并添加"按钮,将
查询中的所有字段加入"选定的字段"列表中,如图 12-10 所示。

③单击"下一步"按钮,在"窗体使用布局"中选择"纵栏表",单击"下一步"按钮。窗体

标题设置成"成绩大于 85 窗体"，其他默认。

④单击"完成"按钮，完成了窗体的创建，并打开了该窗体，此时显示的视图是窗体视图。关闭窗体，观察导航窗格的窗体列表中增加了一个窗体"成绩大于 85 窗体"。

⑤双击该窗体，运行该窗体，如图 12-11 所示。单击"下一条记录"按钮浏览数据，并修改"李芳"同学"大学计算机基础"的成绩为"66"，关闭窗体。重新运行该窗体，观察是否还有"李芳"同学的成绩信息，关闭窗体，并观察选课表中的相应信息是否有变化。

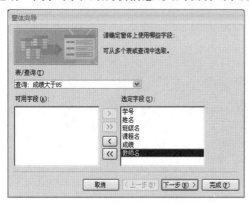
图 12-10　窗体向导—字段选取

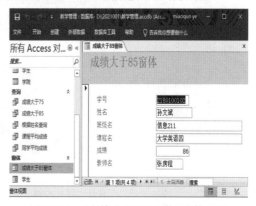
图 12-11　"成绩大于 85 窗体"窗体试图

⑥右击"成绩大于 85 窗体"窗体，在弹出的快捷菜单中选择"设计视图"，进入窗体的设计视图。

⑦拖动选中窗体主体中"学号"与"姓名"行，选择菜单"开始"|"文本格式"组的各项，设置字体颜色设置为红色，字号 12，加粗、倾斜。

⑧选择菜单"窗体设计工具设计"|"控件"组的"标签"控件 **Aa**，在窗体页眉的右上角加入字样"×××制作"（请输入你的姓名），如图 12-12 所示，保存窗体。右击窗体左上角文档窗口标题"成绩大于 85 窗体"，在弹出的菜单中选择"窗体视图"切换到窗体视图，观察结果。

图 12-12　"成绩大于 85 窗体"设计视图

(五)报表设计

〖要求〗

用类似自动窗体的方法建立"学生"自动报表，并修改报表设计在报表页脚右边加上姓名等信息。

〖操作步骤〗

①在"教学管理"数据库中，单击选中"学生"表，选择菜单"创建"|"报表"组的"报表"按钮，就在"布局视图"下自动创建并显示一个简单的报表了，出现"学生"报表预览图，如图 12-13 所示，调整学号列，使其能显示在同一行。

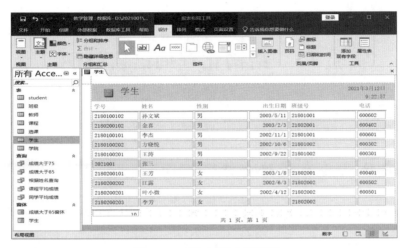

图 12-13 "学生"报表预览图

②单击"关闭"按钮,出现"是否保存对报表'学生'的设计的更改?"信息框,单击"是"按钮。出现"另存为"对话框,单击"确定"按钮。

③一个名为"学生"的自动报表就建好了。选择"报表"选项卡,可以发现多了一个"学生"报表,双击报表名可以预览报表。右击该报表对象,在弹出的快捷菜单中选择"打印预览",可以选择"打印"进行打印。

④关闭报表,右击"学生"报表,在弹出的快捷菜单中选择"设计视图",进入报表的设计视图。在报表的"报表页脚"处添加字样"教学管理数据库学生表 ××制作"(请输入你的姓名),如图 12-14 所示,保存并预览报表。

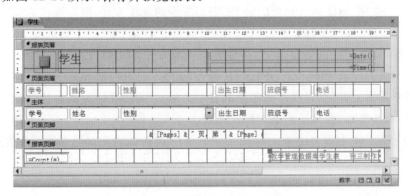

图 12-14 "学生"报表设计视图

四、讨论与思考

(1)查询与表有什么共同点,又有什么区别?

(2)查询有哪几种视图? 各有什么作用

(3)与自动窗体、窗体设计相比,窗体向导有什么优点?

(4)创建报表与窗体的数据源有哪些?

实验13 结构化查询语言(SQL)

一、实验目的与实验要求

(1)理解数据定义语言,掌握数据库对象的建立(CREATE)、删除(DROP)和修改(ALTER)等操作。

(2)理解数据操纵语言,掌握数据操作的命令由 INSERT(插入)、DELETE(删除)、UPDATE(更新)、SELECT(检索,又称查询)等组成。

(3)掌握 SQL 语言的核心——SELECT 语句。

二、相关知识

SQL(Structured Query Language)是一种结构化查询语言,是关系数据库的标准语言,可以通用于不同逻辑结构的数据库管理系统。当今的所有关系型数据库管理系统都是以 SQL 作为核心的。作为关系数据库的标准语言具有以下特点:语言功能的一体化、模式结构的一体化、高度非过程化的语言、面向集合的操作方式、两种操作方式、统一的语法结构、语言简洁、易学易用等。

在 SQL 中,常用的语句有两类:一是数据查询命令 SELECT,只有一条;二是数据操作命令,如 INSERT、UPDATE、DELETE 等。SELECT 语句是 SQL 中用于数据查询的语句,功能非常强大,可以完成几乎任何的复杂查询。SQL 语句的语法相对比较复杂,这里只介绍其中最基本、最常用的语句构成元素。

(1)SELECT 查询语句的基本结构如下。其中尖括弧内为必选参数,方括弧内为可选子句。

SELECT⟨字段等列表名⟩
[**INTO** 新表名]
FROM⟨表名⟩
[**WHERE**⟨选择条件⟩]
[**GROUP BY**⟨列表名⟩]
[**HAVING**⟨筛选条件⟩]
[**ORDER BY**⟨列表名⟩[**DESC|ASC**]]

SELECT 语句的基本结构中包含了 7 个子句,这些子句的排列顺序是固定的。其中除了 SELECT 子句和 FROM 子句外,其他子句根据查询需要进行增删。

(2)表的添加

"语法"CREATE TABLE <表名>(字段 1 类型[(大小)],字段 2 类型[(大小)],……)

(3)表的删除

"语法"DROP TABLE<表名>

(4)字段的添加

"语法"ALTER TABLE <表名> ADD 字段 1 类型[(大小)],字段 2,……

(5)字段的删除

"语法"ALTER TABLE <表名> DROP 字段 1,字段 2……

(6)字段的修改

"语法"ALTER TABLE <表名>ALTER 字段类型[(大小)]

(7)记录的插入(添加)

"语法"INSERT INTO <表名>(字段 1,字段 2,……)VALUES(值 1,值 2,……)

(8)记录的编辑(修改)

"语法"UPDATE <表名> SET 字段 1=值 1,字段 2=值 2,……[WHERE 子句]

(9)记录的删除

"语法"DELETE FROM <表名>[WHERE 子句]

三、实验内容与操作步骤

(一)SQL 查询

〖要求〗

"教学管理"数据库中,用 SQL 语言查询成绩表中成绩大于 75 的同学的学号、课程号和成绩,并按成绩降序排列,将查询命名为"SQL 查询成绩大于 75"。

〖操作步骤〗

SQL 查询

①打开"教学管理"数据库,选择菜单"创建"|"查询"组中的"查询设计"按钮,关闭弹出的"显示表"对话框。选择菜单"查询工具设计"|"结果"组中的"SQL"按钮,切换到 SQL 视图。

②在 SQL 视图中,输入 SQL 语句"SELECT 学号,课程号,成绩 FROM 选课 WHERE 成绩>75 ORDER BY 成绩 DESC",如图 13-1 所示,注意语句中的逗号要用英文标点符号的逗号,每个单项之间的空格也是不能省略的。

图 13-1　SQL 语句

③选择菜单"查询工具设计"|"结果"组中的"运行"按钮，运行 SQL 语句，即可得到查询结果，此时显示的视图是查询的数据表视图，如图 13-2 所示。可以看出，结果是按"成绩"由高到低排序的，并且显示的是成绩大于 75 分的数据。

学号	课程号	成绩
2180100202	801001001	90
2180100201	801001001	88
2180100102	802001002	86
2180100101	802001002	76

图 13-2　SQL 查询结果

④保存查询，将其命名为"SQL 查询成绩大于 75"。关闭查询。

(二)使用报表向导创建基于 SQL 查询数据源的报表

【要求】

使用报表向导创建以"SQL 查询成绩大于 75"为数据源的报表，并在设计视图修改报表：标题字体设置为"华文琥珀"，颜色设置为红色，并加上姓名。

【操作步骤】

①在"教学管理"数据库中，选中"SQL 查询成绩大于 75"查询，选择菜单"创建"|"报表"组中的"报表向导"按钮。

②打开"报表向导"选取字段对话框在"表/查询"下拉列表框中选择"查询：SQL 查询成绩大于 75"，单击"全选并添加"按钮 >> ，将查询中的所有字段加入"选定字段"列表中。

③按照向导单击"下一步"按钮，可具体设置，也可以按照默认设置，一直到最后单击"完成"按钮，此时显示的是报表的打印预览视图。

④单击右下角的视图栏中的"设计视图"按钮，进入报表设计视图，将"SQL 查询成绩大于 75"字体设置为"华文琥珀"，字体颜色设置为红色，并加上姓名。

⑤保存并关闭报表。双击"SQL 查询成绩大于 75"报表，预览报表，如图 13-3 所示。

⑥使用菜单"文件"|"关闭"关闭"教学管理"数据库。

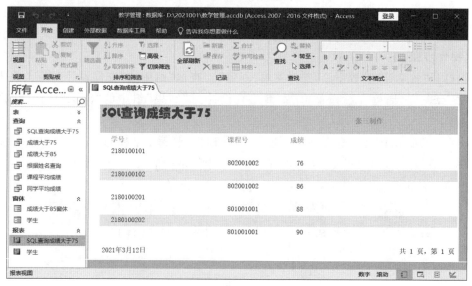

图 13-3　SQL 查询成绩大于 75 报表

(三)使用 SQL 语句创建表

〖要求〗

先创建"人事"数据库,再用 SQL 语句创建一个"人事工资"表,其中编号为主键,表记录内容如表 13-1 所示,请自行设计其表结构。

表 13-1　"人事工资"表

编号	姓名	性别	年龄	基本工资	奖金
001	王小芳	女	24	2800.5	1500
002	李海	男	30	3800	1600.5
003	赵小雪	女	35	4000.5	1700
004	包小刚	男	40	5500	1800.5

〖操作步骤〗

①新建一个"人事"数据库。关闭表 1,该表没有创建内容会自动消失。

②选择菜单"创建"|"查询"组中的"查询设计"按钮,关闭弹出的"显示表"对话框。选择菜单"查询工具设计"|"结果"组中的"SQL"按钮,切换到 SQL 视图。

③查询 1 的 SQL 视图中,删除原有的内容后,输入以下 SQL 语句:

CREATE TABLE 人事工资（编号 TEXT(3)primary key,姓名 TEXT(3),性别 TEXT(1),年龄 INTEGER,基本工资 FLOAT,奖金 FLOAT)

选择菜单"查询工具设计"|"结果"组中的"运行"按钮▮,运行语句一次 SQL 语句创建"人事工资"表。SQL 语句一般只执行一遍,本条语句如果没有语法问题,运行第二次会提示表已经存在。

④观察"人事工资"表对象是否创建成功,如果表创建成功,则记录并复制该语句到实验报告文件中,之后在查询 1 的 SQL 视图中删除该语句(因为在 SQL 视图中,每次只能运行一条 SQL 语句,所以这里要删除运行完毕的语句)。以后运行成功的语句都要如此操作。

⑤确认"人事工资"表已经关闭。查询 SQL 视图中输入以下 SQL 语句:

INSERT INTO 人事工资 VALUES (' 001 ','王小芳','女',24 ,2800.5,1500)

运行语句一次,弹出"您正准备追加一行"信息框,选择"是",插入第一条表记录。这里可以省略表字段列表,是因为要给所有字段赋值。

如果多次运行该语句,会出现"Microsoft Access 不能在追加查询中追加所有记录"提示信息框。这里因为编号设置了主键,所以不能再追加同样的记录;否则的话会再追加一条一样的记录。

⑥参照表 13-1,自行编写、运行并记录其他 3 条插入记录的 SQL 语句。注意每条数据定义 SQL 语句只能运行一次。

到目前为止,"人事工资"表用 5 条 SQL 语句创建完毕。

（四）使用 SQL 语句修改表结构、表记录

〖要求〗"人事工资"表中，增加一个字段"总工资"，使用命令填充总工资：总工资＝基本工资＋奖金。

〖操作步骤〗

①增加一个总工资字段 SQL 语句："ALTER TABLE 人事工资 ADD 总工资 FLOAT"。

②填充总工资请使用 UPDATE 命令，自己编写 SQL 语句并运行。

SQL 运行完成之后，使用 SQL 语句建立完成的"人事工资"数据表视图如图 13-4 所示。

编号	姓名	性别	年龄	基本工资	奖金	总工资
001	王小芳	女	24	2800.5	1500	4300.5
002	李海	男	30	3800	1600.5	5400.5
003	赵小雪	女	35	4000.5	1700	5700.5
004	包小刚	男	40	5500	1800.5	7300.5

图 13-4　SQL 建立的"人事工资"表

使用 SQL 语句创建查询

（五）使用 SQL 语句创建单表查询

〖要求〗

（1）"人事工资"表中，用 SQL 创建"查询 1"：查询"人事工资"表中总工资大于 5000 的女同事的所有字段信息。运行查询 1 结果如图 13-5 所示。

图 13-5　查询 1 结果

（2）"人事工资"表中，用 SQL 创建"查询 2"：查询"人事工资"表中所有姓名中第 2 个字为"小"的人员的姓名、性别信息，结果按性别升序排列。运行查询 2 结果如图 13-6 所示。

（3）"人事工资"表中，用 SQL 创建查询 3：查询"人事工资"表中男女同事的平均总工资。运行查询 3 结果如图 13-7 所示。

图 13-6 查询 2 结果

图 13-7 查询 3 结果

〖操作步骤〗

①查询 1 中两个条件要用 AND 连接在一个 WHERE 条件中。注意 SQL 语句中各符号要使用英文标点半角符号。

②查询 2 中 WHERE 条件中要使用 LIKE "? 小 * ",还要用到 ORDER BY 进行排序。

③查询 3 中要用到 GROUP BY 进行分组,还要用到 AVG(总工资) AS 平均总工资。

(六)使用 SQL 语句创建多表查询

〖要求〗

"教学管理"数据库中,用 SQL 语言查询成绩大于等于 85 的同学的学号、姓名、课程名和成绩,并按成绩降序排列。查询保存为"SQL 多表查询"。运行查询结果如图 13-8 所示。

图 13-8 SQL 多表查询

〖操作步骤〗

这里使用到"学生"表(显示姓名)、"选课"表(显示成绩)和"课程"表(显示课程名),三个表关联可通过 WHERE 子句实现,参考以下语句,填写完整并调试保存。

SELECT 学生.学号,姓名,课程名,成绩 FROM 学生,选课,课程 WHERE 学生.学号=选课.学号 AND 课程.课程号=选课.课程号 ___①___ ORDER BY ___②___

(七)使用 SQL 语句创建汇总查询

〖要求〗

(1)"教学管理"数据库中,用 SQL 语言查询每位同学的平均成绩,要求显示学号、姓名和平均成绩,结果按平均成绩升序排列。查询保存为"SQL 学生平均成绩"。运行查询结果如图 13-9 所示。

SQL学生平均成绩

学号	姓名	平均成绩
2180200203	李芳	66
2180100101	李杰	70.5
2180100202	方晓悦	73
2180100201	王涛	74
2180100102	孙文斌	77

记录: 第 1 项(共 5 项) 无筛选器

图 13-9 “SQL 学生平均成绩”查询

(2)“教学管理”数据库中,用 SQL 语言查询每门课程的平均成绩,要求显示课程号、课程名和平均成绩,结果按平均成绩降序排列。查询保存为“SQL 课程平均成绩”。运行查询结果如图 13-10 所示。

SQL课程平均成绩

课程号	课程名	平均成绩
801001001	大学计算机基础	81.3333333333333
802001002	大学英语四	81
801001002	高级语言程序设计	62.25

记录: 第 1 项(共 3 项) 无筛选器 搜索

图 13-10 “SQL 课程平均成绩”查询

〖操作步骤〗

1)“SQL 学生平均成绩”查询中,两个表关联可通过 WHERE 子句实现,将以下 SQL 语句填写完整并运行。

SELECT 学生.学号, 姓名, ____①____ FROM 学生,选课

WHERE 学生.学号=选课.学号 GROUP BY 学生.学号, ____②____ ORDER BY ____③____

2)“SQL 课程平均成绩”查询中,两个表关联可通过 WHERE 子句实现,将以下 SQL 语句填写完整并运行。

SELECT ____④____, AVG(成绩) AS 平均成绩

FROM 课程, 选课 WHERE ____⑤____ GROUP BY 选课.课程号,课程名 ____⑥____

四、讨论与思考

(1)用 SQL 语句能创建什么样的查询?用查询设计视图创建查询与用 SQL 语言创建的查询是否相同?

(2)SQL 语句可以完成哪几类查询?

实验 14　数据库综合应用

一、实验目的与实验要求

(1)初步理解 Access 的 VBA 程序设计。

(2)了解面向对象程序设计的一般方法。

(3)了解数据库应用系统开发的一般过程。

二、相关知识

(一)VBA

VBA(Visual Basic for Applications)是广泛流行的可视化应用程序开发语言 VB(Visual Basic)的子集。VBA 程序是由过程组成的,一个程序过程包含变量、运算符、函数、对象和控制语句等许多基本要素。

VBA 语法简单但功能强大,支持基于面向对象(OOP)的程序设计,非常适合初学者使用。VBA 其编程环境和 VBA 程序都必须依赖 Office 应用程序(如 Access、Word、Excel 等)。Access 内嵌的 VBA 功能强大,VBA 具有较完善的语法体系和强大的开发功能,采用目前主流的面向对象机制和可视化编程环境,适用于开发高级 Access 数据库应用系统。

(二)面向对象程序设计

程序设计的目的就是将人的意图用计算机能够识别并执行的一连串语句表现出来,并命令计算机执行这些语句。编写程序一般是在设计窗体(或报表、数据访问页)之后,即编写窗体或窗体上某个控件的某个事件的事件过程。面向对象程序设计的一般步骤如下。

①创建用户界面。创建 VBA 程序的第一步是创建用户界面,用户界面的基础是窗体以及窗体上控件设计及其属性的设置。

②选择事件并打开 VBE,输入 VBA 代码。

③运行调试程序,保存窗体。

（三）数据库应用系统开发

数据库应用系统开发要经过系统分析、系统设计、系统实施和系统维护几个不同的阶段。

一般的数据库应用系统的主控模块包括：系统主页、系统登录、控制面板、系统主菜单；主要功能模块包括数据库的设计，数据输入窗体、数据维护窗体、数据浏览、查询窗体的设计，统计报表的设计等。

利用 Access 开发数据库系统，数据库设计步骤如下。

①需求分析：确定建立数据库的目的。

②确定需要的表：可以着手将需求信息划分为各个独立的实体。

③确定所需字段：确定在每个表中要保存哪些字段。

④确定联系：对每个表分析，确定一个表中的数据和其他表中的数据有何联系。

⑤设计求精：对设计进一步分析，查找其中的错误。

三、实验内容与操作步骤

判断简单
四则运算

（一）判断简单四则运算

〖要求〗

新建"VBA 应用"数据库，通过用户界面设置和编写 VBA 程序代码，实现如图 14-1 所示的"四则运算"窗体。运行窗体时，如果在"数值1"、"数值2"和"数值3"文本框中分别输入 2、3、5，在符号组合框中选择"＋"，单击"判断"按钮，此时弹出"判断结果"对话框，提示："恭喜你，答对了！"。如果组合框中选择"＊"，单击"判断"按钮，则提示："您做错了！"。

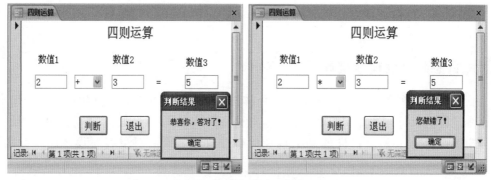

图 14-1　简单四则运算举例

〖操作步骤〗

①建立"VBA 应用"数据库，选择菜单"创建"|"窗体"组中的"窗体设计"按钮，进入窗体设计视图，放置五个标签，将其标题分别改成"四则运算"、"数值1"、"数值2"、"数值3"和"＝"。具体地，选择菜单"窗体设计工具"|"设计"|"控件"组的"标签"控件 **Aa**，再把光标定位到窗体中的位置，然后输入相应文字即可。可以使用复制和粘贴，再修改相应的标

题文字。

②放置三个文本框，将其名称分别改成 Text1、Text2、Text3，对应"数值 1"、"数值 2"、"数值 3"之下。具体地，单击"控件"组的"文本框"控件 **abl**，再把光标定位到窗体中的位置，出现"文本框向导"对话框，单击"取消"按钮，窗体中会出现一个标签和一个文本框，将标签删除，留下文本框，右击它，选择"属性"选项，在出现的"属性表"窗口中设置"其他"选项卡中的"名称"为相应名称。也可以使用复制完成。

③放置一个组合框，将其名称改成 Combo1，右击它，选择"属性"菜单项设置其"行来源类型"为"值列表"，"行来源"设置为"<u>+;-;*;/</u>"，如图 14-2 所示，注意要使用英文标点符号。

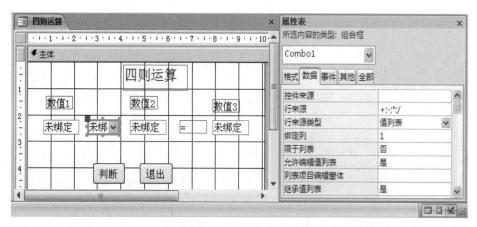

图 14-2　符号组合框属性设置

④放置两个按钮，将其名称改成 Command1 和 Command2，将其标题改为"判断"和"退出"。右击"判断"按钮，选择菜单项"事件生成器"，在弹出的"选择生成器"对话框中，双击"代码生成器"，进入 VBA 编程环境。

⑤在代码窗体中相应的事件中输入各自的代码（单引号之后的文字为注释文字，可以不用输入）：

```
Private Sub Command1_Click()      '"判断"按钮的单击事件
Dim a As Integer                  '定义整型变量
Dim b As Integer
Dim c As Integer
Dim sign As String                '定义字符串变量
sign = Me.Combo1                  '将符号组合框赋值给 sign 变量
a = Me.Text1                      '将数值 1 文本框赋值给 a 变量
b = Me.Text2                      '将数值 2 文本框赋值给 b 变量
c = Me.Text3                      '将数值 3 文本框赋值给 c 变量
Select Case sign                  '判断符号为哪一个？
Case "+"                          '如果符号为＋
```

```
        If a + b = c Then          '如果加法式子成立,弹出"恭喜你"对话框
            MsgBox "恭喜你,答对了!", vbOKOnly, "判断结果"
        Else                       '否则,弹出做错了对话框
            MsgBox "您做错了!", vbOKOnly, "判断结果"
        End If
    Case "—"                       '如果符号为—
        If a — b = c Then          '如果减法式子成立,弹出恭喜你对话框
            MsgBox "恭喜你,答对了!", vbOKOnly, "判断结果"
        Else
            MsgBox "您做错了!", vbOKOnly, "判断结果"
        End If
    Case " * "                     '如果符号为 *
        If a * b = c Then          '如果乘法式子成立,弹出恭喜你对话框
            MsgBox "恭喜你,答对了!", vbOKOnly, "判断结果"
        Else
            MsgBox "您做错了!", vbOKOnly, "判断结果"
        End If
    Case "/"                       '如果符号为/
        If a / b = c Then          '如果除法式子成立,弹出恭喜你对话框
            MsgBox "恭喜你,答对了!", vbOKOnly, "判断结果"
        Else
            MsgBox "您做错了!", vbOKOnly, "判断结果"
        End If
    End Select
End Sub


Private Sub Command2_Click()       '"退出"按钮的单击事件
DoCmd. Close                       '关闭窗体
End Sub
```

说明:Me 关键字是隐含声明的变量,适用于类模块中的每个过程,表示当前窗体。当类有多个实例时,Me 在代码正在执行的地方提供引用具体实例的方法。

⑥通过"Alt＋F11"快捷切换键,返回到窗体设计视图,保存该窗体为"四则运算"。切换视图到"窗体视图"运行该窗体,如果对显示效果不满意,可返回窗体设计视图,进行对象、属性、代码等的修改。最后保存窗体。

(二)创建登录窗体

〖要求〗

"VBA 应用"数据库中,通过用户界面设置和编写 VBA 程序代码,实现如图 14-3 所示的"登录窗体"窗体。运行窗体时,如果在"用户名"和"密码"文本框中分别输入用户表中的用户名和对应的密码,单击"确定"按钮,此时弹出"信息提示"对话框,提示:"欢迎使用本系统"。如果没输入或输入有误,则提示:"请输入用户名或密码"、"不存在用户"或者"密码不正确"等信息。

创建登录
窗体

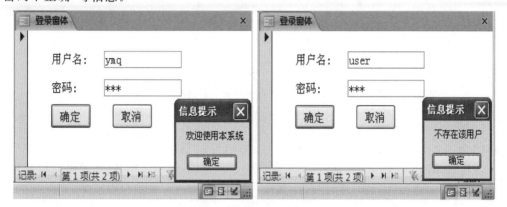

图 14-3　登录窗体举例

〖操作步骤〗

①在"VBA 应用"数据库中,使用表设计视图创建"用户"表:用户(用户名,密码),选中"密码"字段行,设置其"常规"选项卡的"输入掩码"为"密码"。

②在"用户"表数据表视图中输入用户信息。因为密码设置了输入掩码,所以输入时只显示星号,如图 14-4 所示,请读者自己设置密码。

③创建一个空白窗体,使用窗体设计工具创建"登录窗体",在窗体中添加两个文本框控件,用于输入用户名和密码信息,将控件命名为 Text1 和 Text2。设置 Text2 的"输入掩码"属性设置为"密码"。

④在窗体中添加"确定"和"取消"按钮,将控件命名为 Command1 和 Command2。

⑤打开 VBE 窗口,分别为两个按钮的单击事件编写 VBA 程序代码。

图 14-4　用户表

```
Private Sub Command1_Click()            '"确定"按钮的单击事件
If IsNull(Me. Text1) Or IsNull(Me. Text2) Then'两文本框只要一个为空则提示
    MsgBox "请输入用户名或密码", vbOKOnly, "信息提示"
    Exit Sub
End If
con = "用户名 = '"+Me. Text1+"'"
```

```
If Not IsNull(DLookup("密码", "用户", con)) Then
                        '用户表中查找输入用户名的密码,找到了输入用户名的密码
    ps = DLookup("密码", "用户", con)
    If (ps <> Me.Text2) Then        '如果该用户名的密码与Text2的值不相同
        MsgBox "密码不正确", vbOKOnly, "信息提示"
    Else
        MsgBox "欢迎使用本系统", vbOKOnly, "信息提示"
    End If
Else                                '用户表中查找不到输入的用户名
    MsgBox "不存在该用户", vbOKOnly, "信息提示"
End If
End Sub
Private Sub Command2_Click()          '"取消"按钮的单击事件
DoCmd.Close
End Sub
```

⑥通过 Alt＋F11 快捷切换键,返回到窗体设计视图,运行该窗体,如果对显示效果不满意,可返回窗体设计视图,进行对象、属性、代码等的修改。最后保存窗体。

竞赛评分
程序

(三)竞赛评分程序

【要求】

在"VBA 应用"数据库中,设计一个"竞赛评分程序"窗体,有 8 位评委,去掉一个最高分和一个最低分,计算平均分(设满分为 10 分)。窗体设计视图如图 14-5 所示,其中"你输入的成绩为:"标签的名称为 Label2,"最后得分为:"标签的名称为 Label3,程序代码输入到"输入评分并计算"按钮的单击事件中。创建窗体后,双击进入窗体视图,单击按钮,弹出输入对话框,输入一个分数后回车,成绩会显示在 Label2 后面,效果如图 14-6 所示。再接着输入成绩直至输入完毕,输出最后得分。

图 14-5　竞赛评分程序

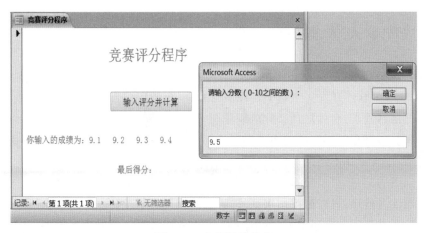

图 14-6   竞赛评分程序

请将程序填空补充完整,并调试运行该程序。

```
Dim Max, Min As Double
Dim i, x, s As Double
Dim p As Single
Max=0                          '最大值变量 Max 设初始值为 0
Min=10                         '最小值变量 Min 设初始值为 10
For i=1 To 8                   '循环运行 8 次
    x=Val(InputBox("请输入分数(0-10 之间的数):")) '输入分数赋值给 x
    If ____ Then Max=x
    If ____ Then Min=x
    s=s+x                      's 用于累加
    Label2.Caption=Label2.Caption & x & "    "
Next i
s= ____                        '去掉一个最高分和一个最低分
p=s / 6
Label3.Caption="最后得分:" & p
```

【问题】

程序修改:如果设计一个竞赛评分程序有 10 位评委,又该如何修改程序呢? 请修改程序并调试。

四、讨论与思考

(1)VBA 与 VB 之间有什么异同点?

(2)什么是对象的事件和方法,两者主要区别是什么?

五、课后大作业

(1)图书管理信息系统

借助 Access 软件开发一个图书管理信息系统,至少应包含如下功能。

①图书信息管理:包括添加、修改、删除图书信息等功能。

②读者资料管理,发放、撤销图书借阅证:为刚入学学生或调入的教师办理借阅证,并记录在表中;记录逾期不还图书信息。

③查询图书信息:可以根据书号、书名、作者或者出版社查询图书情况。

④查询读者信息:可以根据图书证号、姓名查询读者情况。

⑤记录图书借阅和归还情况:做借阅记录,每一次借书会记录下借阅人、借阅日期、书号等信息;如果续借,则做标记;如果逾期没还,则将图书记录过期,并给借阅人做暂停借阅记录;如果在归还期还书,则给记录归还。

分析提示:

创建"图书管理"数据库,包括以下表,字段类型宽度等请自行设计;建立表间关系,设计窗体和查询。

图书(书号,书名,作者,出版社,出版日期,类别,馆藏册数,借阅册数,定价,摘要)

读者(图书证号,姓名,性别,办证日期,电话,借阅数量,已借阅数量,是否逾期)

借阅记录(序号,书号,图书证号,借阅日期,归还日期,是否续借,是否逾期)

(2)网上车票售票系统

在因特网上查询和订购车票,网上车票售票系统主要包括如下功能。

①能够方便地按车次、始发地、目的地和日期等条件进行查询。

②售票和退票处理。

③随时更新售票信息,防止不同的车票代理商同时售出同一座位的车票。

④统计车票的销售情况等功能。

分析提示:

创建"售票管理"数据库,包括以下表

车次(车次、始发地、目的地、途经地、开车时间、到达时间、类型)

座位(车次、座位号、是否售出)

车票(车次种类、票价、票数、已订购数)

实验 15　程序设计基础(Python)

一、实验目的与实验要求

(1)掌握 Python 下载和安装的方法,熟悉 IDLE 编程环境的使用。

(2)熟悉 Python 基本数据类型,掌握 Python 控制结构的使用。

(3)初步掌握利用 Python 进行数据分析和统计图表绘制的方法。

(4)了解利用 Python 语言进行机器学习的方法。

二、相关知识

(一)Python 语言简介

Python 是一种面向对象的解释型计算机程序语言,具有简单、易学、速度快、开源等特点。目前,Python 是人工智能领域的主要编程语言,常用于物联网、图像处理、网站和游戏开发以及机器人控制等。

常见的 Python 版本为 Python 2(例如 Python 2.7)和 Python3(例如 Python 3.7),其中,Python 2 已停止更新,目前主流的开发已采用 Python 3。Python 3 在中文兼容性、底层运算性能优化等方面都更为出色。Python 集成开发环境可采用 Jupyter Notebook、PyCharm 等,用户可根据自己的喜好进行选择。

(二)集成开发环境 IDLE

IDLE(Integrated Development and Learning Environment)是 Python 内置的集成开发工具。在安装 Python 的同时,IDLE 会自动安装,用户无需再安装,图 15-1 所示为 IDLE 程序图标样式。IDLE 作为一种轻量化开发环境,为开发人员提供了许多有用的特性,如语法高亮显示、自动缩进、单词自动完成、调试程序等。图 15-2 为 IDLE 的运行界面。

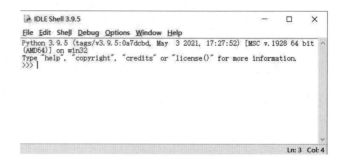

图 15-1　IDLE 程序图标　　　　　　　　　　图 15-2　IDLE 运行界面

IDLE 支持交互式编程和脚本式编程两种方式。交互式编程是指用户通过输入操作命令，系统接到命令后立即进行处理，并显示结果。交互式编程适合用于少量的代码运行，但不适合复杂的程序设计。IDLE 还可以支持脚本式编程。脚本式编程相较于交互式编程的优势在于可以执行较为复杂的逻辑，这是最常用的运行 Python 代码的方式。脚本式编程会将代码写在一个 py 文件中，然后通过 IDLE 运行该 py 文件。

作为初学者，可选择 IDLE 作为开发工具进行练习。本实验将通过相应的实验内容详细介绍其使用方法。

（三）Jupyter Notebook

Jupyter Notebook 是基于网页的，用于交互操作的应用程序，同时支持 Python 程序的运行。它很容易上手，用起来非常方便，也是一个对新手非常友好的工具，适合利用 Python 语言进行数据清洗和转换、数值模拟、统计建模、数据可视化、机器学习等任务。Jupyter Notebook 的运行界面如图 15-3 所示。

Jupyter Notebook 安装常见的方法包括：①命令行安装（注：需要已安装 Python 3），即在 Windows 10 的"命令行终端"上分别执行"pip3 install -upgrade pip"和"pip3 install jupyter"；②基于 Anaconda 安装（软件地址：https://www.anaconda.com/products/individual），一般打开软件能在窗口中看到 Jupyter Notebook，直接单击安装该应用即可。Anaconda 集成了大部分常用的 Python 的工具包，如 Numpy、Scipy、Pandas 等。

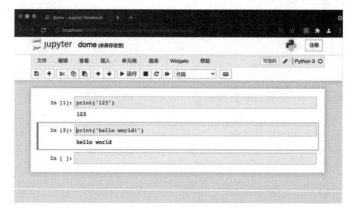

图 15-3　Jupyter Notebook 运行界面

(四)PyCharm

PyCharm(https://www.jetbrains.com/zh-cn/pycharm/)是由 JetBrains 公司打造的 Python 集成开发环境,相比 IDLE 和 Jupyter Notebook,PyCharm 有一整套可帮助用户提高 Python 开发效率的工具,如代码导航、调试、语法高亮、Project 管理、代码跳转、智能提示、自动完成、单元测试、版本控制等功能。PyCharm 还能支持 Web 开发的框架 Django。PyCharm 的运行界面如图 15-4 所示。

图 15-4   PyCharm 的运行界面

(五)数据分析与数据可视化

数据分析(Data Analysis)是指使用适当的统计分析方法对收集来的大量数据进行分析、汇总和概括总结的过程。数据分析包括两个方面内容:一是预测分析,即通过分析采集的数据来预测未来的行为或趋势;二是关联分析,其目的是找出数据之间相关联系。数据分析的目的是为了最大化地开发数据的功能,发挥数据的作用。Python 中包含了丰富的数据分析工具,如 Numpy、Scipy、Pandas、Statistics 等。

数据可视化(Data Visualization)就是运用计算机图形和图像处理技术,将原本枯燥、庞大且复杂的高维数据转化为形象的图形图像显示出来。借助于可视化的图形图像,我们能够深入洞察数据背后的有价值的信息。当前,在研究、教学和开发领域,数据可视化已经成为一门极为活跃而又关键的技术。Python 中包含很多通用的可视化库,如常用的绘图工具包 Matplotlib。

在 Python 中,进行数据可视化的基本步骤如下:

(1)导入包,如 matplotlib。

(2)定义横坐标 x 和纵坐标 y 的数据。

(3)定义画布大小。

(4)确定绘制图形,定义图形属性。

Python 中可供选择的图形有:线(plot)、点(scatter)、柱状图(bar)等。图形属性包括颜色(color)、形状(marker)、线型(linestyle)等。

(5)对图形的进一步修饰,让图形更加直观。

例如,装饰图表的标题(title)、轴标签(xlabel、ylabel)设置,坐标轴范围(xlim,ylim)设置,以及图例(legend)等。

(6)图形显示。例如,plt. show()

Matplotlib 官网也给出了很多方便 Python 数据可视化的速查表,如图 15-5 所示,方便初学者能快速地找到需要使用的图形状以及使用方法。有兴趣的同学还可以上官方的 github 查看更多其他的速查表。

官网地址:https://www.matplotlib.org/

官方速查表 github 地址:https://github.com/matplotlib/cheatsheets

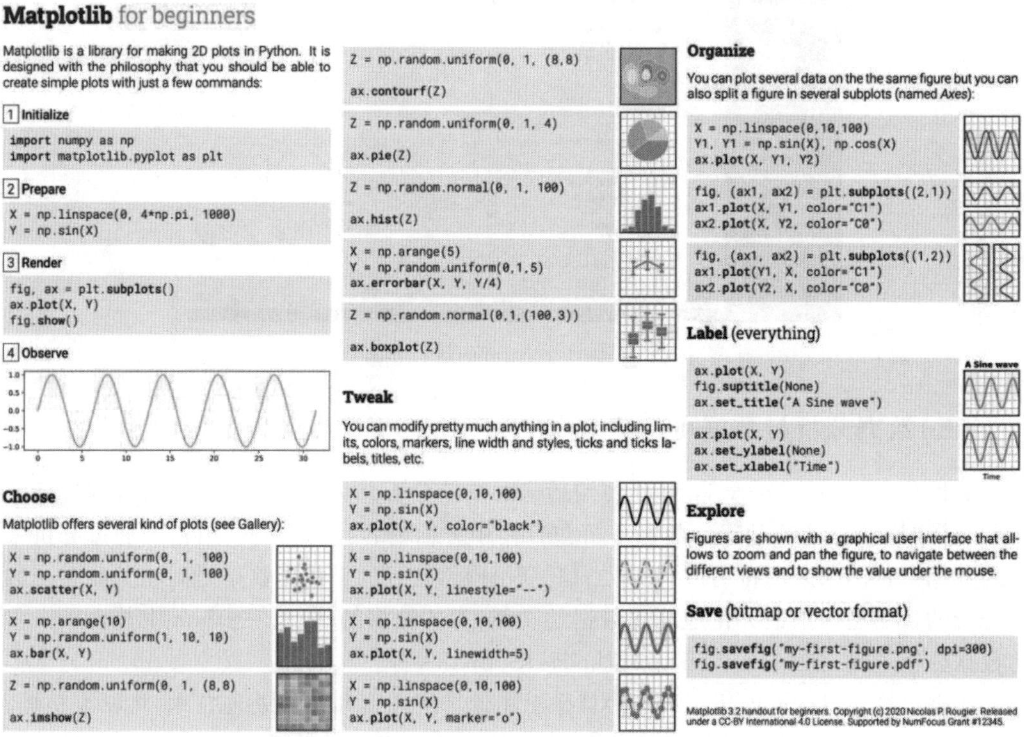

图 15-5　Matplotlib 为新手提供的 Cheat sheet

三、实验内容与操作步骤

(一)Python 安装与 IDLE 的运行环境

(1)下载、安装 Python。

根据所安装的操作系统类型,需选择下载不同 Python 安装包进行安装。打开

Python 官网(www.python.org),如图 15-6 所示。直接在 Python 官网的首页上下载 Python 安装包,网站会检测打开网页的电脑操作系统,为用户推荐合适的安装包。

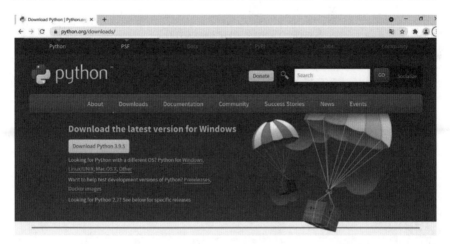

图 15-6　Python 官网首页

下载完成后,打开 Python 的安装包,进入 Python 的安装程序。在安装程序首页勾选 Add Python 3.9 to PATH,如图 15-7 所示,可直接将 Python 的安装路径加入环境变量;如果未勾选则需要在安装成功后手动修改环境变量。勾选上述复选框后,直接选择 Install Now 进入快速安装模式。注意记录下 Python 的安装路径,后续 IDLE 软件会在该路径下。

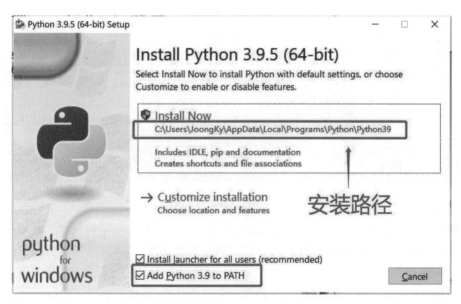

图 15-7　Python 安装程序首页

安装成功后，会有安装成功的界面提示，如图 15-8 所示。

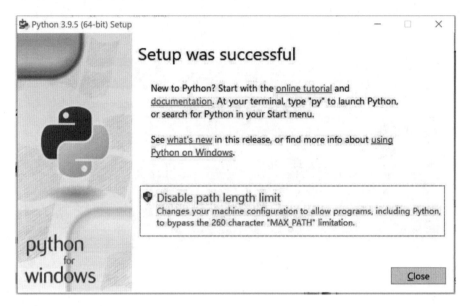

图 15-8　Python 安装成功提示

（2）测试 Python 是否安装成功。

执行"开始菜单"|"Window 系统"|"命令提示符"，打开命令提示符，或者使用"WindowsPowerShell"。在命令行中输入命令：Python。

如果命令行得到如图 15-9 所示界面，则说明 Python 已经安装成功。

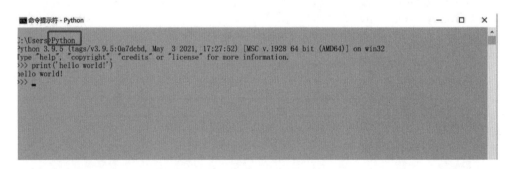

图 15-9　在命令行运行 Python

如果在命令行中输入 Python 报错的话，可以自行进行环境变量的配置。环境变量在"我的电脑"的快捷菜单（右键打开）|"属性"|"高级系统设置"|"高级"|"环境变量"|"系统环境变量"中，有一个变量名为 Path 的变量，将安装时的安装路径添加至 Path 列表中并确定。这样就完成了环境变量的配置，打开一个新的命令行，输入命令：Python，再次查看是否能成功运行。

（3）在 IDLE 的命令行中执行 Python 语句。

①在安装完成 Python 后，可以在开始菜单找到 IDLE（Python 3.9），如图 15-10 所示。点击打开 IDLE。图 15-11 为交互式编程的实例，IDLE 界面的右下角会有光标所在

行、列的提示。

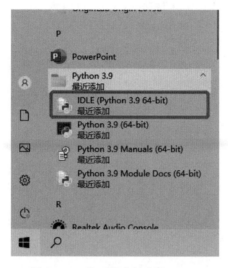

图 15-10　在开始菜单中的 IDLE

②在 IDLE 的命令行,即在"＞＞＞"后面输入语句:4＋3,然后按下"Enter",Python会立即返回运算结果,如图 15-11 所示。

③在 IDLE 的命令行输入语句:print('hello Python!'),观察结果。

④对于一些没有输出的命令,Python 不会有输出的结果。在 IDLE 命令行输入:a＝5,然后按下"Enter",观察是否有输出。

⑤在 IDLE 命令行继续输入语句:

b＝6

a＋b

如图 15-11 所示,观察结果。

如果输入有误,则 Python 会抛出异常提示。

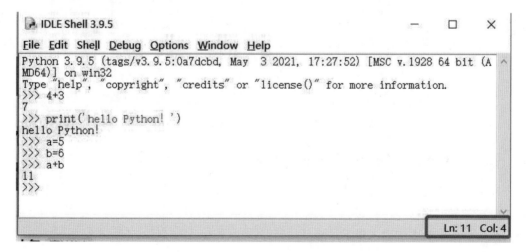

图 15-11　在 IDLE 中进行交互式编程

(4)IDLE 的脚本运行环境。

①在 IDLE 的界面中点击"File"|"New File"可以创建一个脚本,输入脚本如图 15-12 所示。用"Ctrl＋s"保存脚本文件,将文件名命名为 my_first_dome.py。

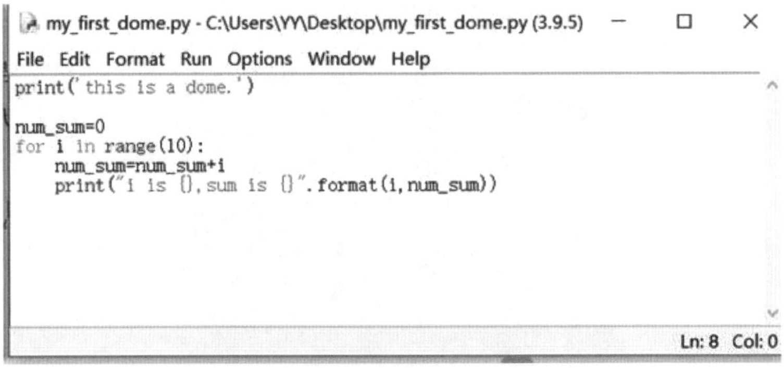

图 15-12　在 IDLE 中进行脚本式编程

②执行"Run"|"Run Modul"运行代码(也可以用"F5"运行代码)。程序运行后的结果会显示在 IDLE 中,如图 15-13 所示。

图 15-13　IDLE 中显示程序的运行结果

(二)Python 的数据类型查看和 list 操作

利用 type 函数可以查看变量的数据类型。

(1)数据类型的查看

在命令行或脚本中输入以下语句并运行:

```
a=123       ♯ a是整数
print(a)
print(type(a))

a ='ABC'       ♯ a变为字符串
print(a)
print(type(a))
```

运行结果如下：

```
123
<class 'int'>
ABC
<class 'str'>
```

（2）列表 list 操作

```
list1 = [1,2,5,6]
list2 = [2,3,7,4,8]

♯ list 相加
list3=list1+list2
print(list3)♯ list 添加元素
list1. append(4)
print(list1)

♯ list 的删除
list1. pop ()
print(list1)
♯ list 的切片
print(list3[1:3])

♯ list 长度
print(len(list3))
```

运行结果如下：

```
[1,2,5,6,2,3,7,4,8]
[1,2,5,6,4]
[1,2,5,6]
[2,5]
9
```

(三)利用 Python 语言进行程序设计

〖**问题 1**〗

设计一个猜数字游戏的程序,程序随机产生一个 0—99 之间的数字为预设数字,用户从键盘输入所猜数字,如果大于预设,显示"你猜的数字大于正确答案,继续努力",如果小于预设,显示"你猜的数字小于预设数字,继续努力"。如果猜正确了,提示用户猜测次数并显示"猜对了,你太厉害了"。

```
# 包导入
import random    # 用于产生随机数

# 初始变量设置
secret_num = random.randint(0,100) # 产生随机数
guess_num = -1 #  初始化猜测的数字
times = 0
print("欢迎参加猜数字游戏,请开始~")

# 利用 while 进行循环判断
while guess_num != secret_num:
    guess_num =int(input("数字区间为 0-100,请给出你的数字:"))
    times=times+1
    if( guess_num ==secret_num):
        print("您一共猜了{}次,猜对了,真厉害! \n".format(times)) # 利用 format
函数进行字符串的格式化表示,可以把变量带入字符串的{}中
    else:
        if guess_num>secret_num:
            print("你猜的数字大于正确答案,继续努力\n")
        else :
            print("你猜的数字小于正确答案,继续努力\n")
print("游戏结束~ ")
```

运行结果如图 15-14 所示。

> 欢迎参加猜数字游戏，请开始~
> 数字区间为0-100，请给出你的数字：34
> 你猜的数字小于正确答案，继续努力
> 数字区间为0-100，请给出你的数字：56
> 你猜的数字大于正确答案，继续努力
> 数字区间为0-100，请给出你的数字：40
> 你猜的数字小于正确答案，继续努力
> 数字区间为0-100，请给出你的数字：46
> 你猜的数字小于正确答案，继续努力
> 数字区间为0-100，请给出你的数字：53
> 你猜的数字大于正确答案，继续努力
> 数字区间为0-100，请给出你的数字：50
> 你猜的数字小于正确答案，继续努力
> 数字区间为0-100，请给出你的数字：51
> 您一共猜了7次，猜对了，真厉害!
>
> 游戏结束~

图 15-14　问题 1 运行结果

〖问题 2〗

已知班上每个同学的期中成绩和期末成绩，现在需要按照期中成绩×40%＋期末成绩×60%的规则计算出每个同学的综合成绩，输出每个同学的综合成绩并判断是否及格。

```python
# 数据初始化
name_list = ["A","B","C","D","E","F"]
mid_score = [77,65,36,76,91,50]
final_score = [97,34,87,86,99,47]

l = len(name_list)
for idx in range(l):   # range 函数表示生成从 0 到 l 的 list 序列
    score = mid_score[idx] * 0.4+final_score[idx] * 0.6
    if score >= 60:
        pass_flag = "合格"   # pass_flag 是否通过的标志
    else:
        pass_flag = "不合格"
    print(name_list[idx]+"的综合成绩为"+str(score)+",该同学本学期成绩"+pass_flag)
```

运行结果如图 15-15 所示

A的综合成绩为89.0，该同学本学期成绩合格
B的综合成绩为46.4，该同学本学期成绩不合格
C的综合成绩为66.6，该同学本学期成绩合格
D的综合成绩为82.0，该同学本学期成绩合格
E的综合成绩为95.8，该同学本学期成绩合格
F的综合成绩为48.2，该同学本学期成绩不合格

图 15-15　问题 2 运行结果

(四)Python 语言的数据可视化

〖问题 3〗

绘制正弦函数曲线和余弦函数曲线

```python
# 包导入
import numpy as np
import matplotlib. pyplot as plt


# 数据定义
x = np. linspace(0, 10, 1000) #在 0—10 之间均匀产生 1000 个点
y = np. sin(x)
z = np. cos(x)


# 设置画布大小
plt. figure(figsize＝(8,4))


# 绘制 sin 函数曲线
plt. plot(x,y,label=" $ sin(x) $ ",color="red",linewidth＝2)
# 绘制 cos 函数
plt. plot(x,z,"b——",label=" $ cos(x) $ ")
#其中"b——"表示用蓝色的短线绘制,是色彩和形状的简写


# 定义 x,y 坐标的名称
plt. xlabel("Time(s)")
plt. ylabel("Volt")


# 定义图像名称
plt. title("PyPlot First Example")
```

```
# 定义 y 轴的坐标轴范围
plt. ylim(-1.2,1.2)

# 显示标签
plt. legend()

# 将图片保存到当前文件的路径下,图片名称为" fig1. png ",
plt. savefig(' fig1. png ')

# 在 notebook 中显示图片
plt. show()
```

运行结果如图 15-16 所示。

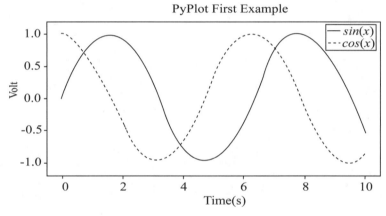

图 15-16　正弦函数曲线和余弦函数曲线图

〖问题 4〗

多图数据可视化分析,绘制柱状图,散点图和曲线。

```
# 包导入
import matplotlib. pyplot as plt

# 数据初始化
names =["A","B","C","D","E"]
values =[32,42,12,23,20]

# 创建画板 1
fig = plt. figure(figsize=(8,4))
```

```
# 第 2 步创建画纸,并选择画纸 1
ax1＝plt.subplot(2,2,1)
# 在画纸 1 上绘图
plt.bar(names, values,color＝"g")
plt.title("bar")


# 选择画纸 2
ax2＝plt.subplot(2,2,2)
# 在画纸 2 上绘图
plt.scatter(names, values,marker ＝ "＋")
plt.title("point")


# 选择画纸 3
ax3＝plt.subplot(2,1,2)
# 在画纸 3 上绘图
plt.plot(names, values)
plt.title("line")
plt.xlabel("names")
plt.ylabel("values")


# 显示图像
plt.show()
```

运行结果如图 15-17 所示。

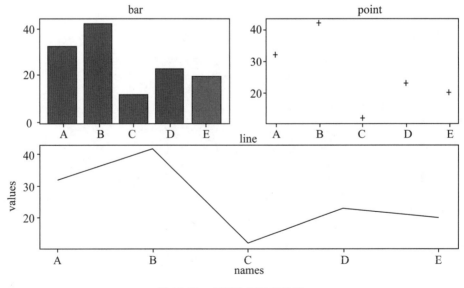

图 15-17　多图绘制运行结果

四、拓展练习

（1）尝试 matplotlib 更多的绘图示例

绘图示例可以参考 matplotlib 的官网：https://matplotlib.org/stable/gallery/index.html

（2）利用 Python 语言进行机器学习

下面的示例使用糖尿病数据集的一个特征（取第一个特征）对患病后一年的定量指标进行预测，实验将使用线性回归的方法进行回归预测。我们可以通过实验结果图看到回归所得的预测数据和实际数据情况。实验还计算了均方误差、相关系数和 R 方值。

```python
# 包导入
import matplotlib.pyplot as plt    # 绘图包
import numpy as np    # 矩阵运算包
from sklearn import datasets, linear_model
# 导入机器学习包 sklearn 的数据模块和线性回归模型模块
from sklearn.metrics import mean_squared_error, r2_score
# 导入机器学习包 sklearn 中的评价函数


# 下载数据
diabetes_X, diabetes_y = datasets.load_diabetes(return_X_y=True)
# 利用 datasets 模块中的 load_diabetes 加载糖尿病数据集中的数据


# 数据探查
print('数据探查')
print(diabetes_X.shape) # 查看数据形状
print(diabetes_X.dtype) # 查看变量中每个元素的数据类型
print(type(diabetes_X)) # 查看变量的数据类型
print(diabetes_y.shape)
print(diabetes_y.dtype)
print(type(diabetes_y))


# 提取特征
diabetes_X = diabetes_X[:, np.newaxis, 0]
# 这里提取第一个特征作为特征值
# np.newaxis 是为了生成一个维度，为后续输入做准备


# 分割 X 值的训练集和测试集
diabetes_X_train = diabetes_X[:-20]
```

```
diabetes_X_test = diabetes_X[-20:]
# 取倒数 20 个作为测试集,前面的数据均为训练集

# 分割 y 值的训练集和测试集
diabetes_y_train = diabetes_y[:-20]
diabetes_y_test = diabetes_y[-20:]

# 创造线性模型
regr = linear_model.LinearRegression()

# 用训练数据对模型进行训练
regr.fit(diabetes_X_train, diabetes_y_train)

# 用测试数据进行数据预测
diabetes_y_pred = regr.predict(diabetes_X_test)

print('\n 结果输出')
# 求相关系数
print('Coefficients: ', regr.coef_)

# 求均方误差 MSE
print('Mean squared error: {:.2f}'.format(mean_squared_error(diabetes_y_test,
diabetes_y_pred)))

# 求 R 方值
print('Coefficient of determination: {:.2f}'.format(r2_score(diabetes_y_test, diabetes_
y_pred)))

# 画图,结果的可视化显示
# 此处用点绘制原有数据,用线条表示进行线性回归后预测得到的数据
plt.scatter(diabetes_X_test, diabetes_y_test,color='black')
plt.plot(diabetes_X_test, diabetes_y_pred, color='blue', linewidth=3)

plt.show()
```

运行结果如图 15-18 所示。

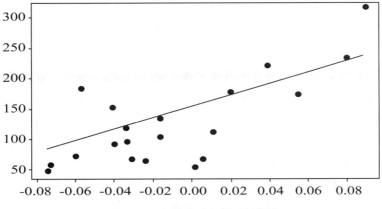

Coefficients:
[938.23786125]
Mean squared error:2548.07
Coefficient of determination:0.47

图 15-18　机器学习案例运行结果

Scikit-learn 工具包还提供多种监督学习和非监督学习方法,包括 SVM、随机森林、梯度提升、k 均值等方法。同学们还可以在官网上找到更多案例进行学习。

五、讨论与思考

(1)编程题:用 Python 计算从 1 加到 100 的数字总和。

(2)编程题:用 Python 计算从 1 加到 100 不能被 3 整除的数字总和。

(3)编程题:绘制近 7 天的气温曲线。

(4)讨论你在 Python 编程中遇到过的问题并列出你的解决方法。

(5)尝试利用 help 函数探索不同函数的用法。

(6)列举你在学习 Python 过程中还遇到什么比较好的学习资源。

参考资料

【参考文献】

［1］江宝钏,叶苗群.大学计算机基础实践教程［M］.北京:电子工业出版社,2018.

［2］林菲.办公软件高级应用［M］.杭州:浙江大学出版社,2021.

［3］饶泓,龚根华.大学计算机基础实践教程［M］.北京:中国水利水电出版,2019.

【参考网址】

［1］https://jupyter.org/.

［2］https://matplotlib.org/.

［3］https://scikit-learn.org/stable/.

［4］https://www.liaoxuefeng.comwiki1016959663602400.

［5］https://www.python.org/.